U0168164

当代科学技术哲学论丛

主编 成素梅

反思专长

〔英〕哈里·柯林斯 (Harry Collins)
〔英〕罗伯特·埃文斯 (Robert Evans) /著

张 帆 /译

本书出版受上海社会科学院"创新工程"项目资助

科学出版社
北京

内 容 简 介

什么是专家？成为专家要掌握哪些知识？在《反思专长》这本书中，哈里·柯林斯与罗伯特·埃文斯打破了原有的知识的界限，即将知识分成明确知识与默会知识的知识二分结构，从成为专家要掌握哪些知识的视角出发，给出了新的知识图谱，即"专长的元素周期表"。特别是，柯林斯与埃文斯在本书中提出了一种新的知识类型——介于明确知识与默会知识之间的"互动型专长"，并对其实在性进行了验证，掀起了"科学元勘"（science studies）的"第三次浪潮"。

本书可供科学哲学、技术哲学及科学知识社会学等领域的研究者和爱好者阅读参考。

图字：01-2016-8737 号

ⓒ2007 by the University of Chicago，all rights reserved.
Licensed by The University of Chicago Press，Chicago，Iuinois，USA.

图书在版编目（CIP）数据

反思专长 /（英）哈里·柯林斯（Harry Collins），（英）罗伯特·埃文斯（Robert Evans）著；张帆译. —北京：科学出版社，2021. 2
（当代科学技术哲学论丛）
书名原文：Rethinking Expertise
ISBN 978-7-03-068063-1

Ⅰ. ①反… Ⅱ. ①哈… ②罗… ③张… Ⅲ. ①科学哲学 Ⅳ. ① N02

中国版本图书馆 CIP 数据核字（2021）第 025484 号

丛书策划：胡升华

责任编辑：邹 聪 陈晶晶 / 责任校对：韩 杨
责任印制：李 彤 / 封面设计：黄华斌

科 学 出 版 社 出版
北京东黄城根北街 16 号
邮政编码：100717
http://www.sciencep.com

北京盛通商印快线网络科技有限公司 印刷
科学出版社发行 各地新华书店经销

*

2021 年 2 月第 一 版 开本：720×1000 B5
2022 年 1 月第二次印刷 印张：11
字数：160 000

定价：78.00 元
（如有印装质量问题，我社负责调换）

凡事都有定期……拆毁有时，建造有时。

——《传道书》

总　序

科学哲学的使命

——从"石里克之问"谈起 *

　　1911 年，作为逻辑经验主义创始人的石里克在担任罗斯托克大学哲学讲师的就职演讲中提到：有人认为，20 世纪不再需要哲学，因为曾经归类为哲学的那些问题，现在由具体科学来回答；而科学根本无法解答的那些问题，则是无意义的问题，应该加以摒弃。石里克针对当时的这种观点，提出了"哲学是否还有事情可做"或者说"哲学的任务是什么"的问题。这一"石里克之问"既反映了当时自然科学对哲学的强势影响，也反映了科学家对 19 世纪末盛行的思辨哲学的蔑视与反抗。但是，石里克认为，这些人对哲学的这种怀疑态度依然缺乏辩护。原因在于，一方面，到 20 世纪初，那种"傲慢"的观念论思想已然瓦解；另一方面，当我们进一步质问这些怀疑论者凭什么做出如此苛刻的判断时，他们给出的理由本身却是哲学的。

　　在石里克看来，哲学不是一门具体科学，哲学的论题是整个世界，而不是世界的某一部分。因此，哲学并不是与自然科学并驾齐驱的。在逻辑关系上，哲学与科学的关系不是外在的，而是形成了一个有机的整

---

　　* 本文主体内容曾以笔谈的形式发表于《中国政法大学学报》2015 年第 5 期，原文名为《从"石里克之问"谈起》，收入本书时略有改动。

体，科学的完成必然会受到哲学的影响。科学是在各个具体领域内创造知识，而哲学旨在追求知识的完整性，从而把科学的结果充实到一个闭合的世界图像之中，并使其纳入人类整个精神生活的框架之内。因此，哲学的真正任务自始至终是相同的：它的目标在于实现和谐的精神生活，而科学则是哲学思想的基础，当科学发展的专业化程度越来越高时，哲学却向着更加综合的相反方向发展，哲学最重要的任务之一就是阐述科学为它提供的世界图像。因为如果忽视科学的发展，像哲学初期的智者那样，朴素地绘制世界的图像，是不可能成功的。哲学只能以两种方式完成科学图像：一种是下行方式，另一种是上行方式。下行方式是关注科学基础，从检视科学假设开始；上行方式是形成融会贯通的世界观，这是形而上学的任务。① 值得关注的是，到 20 世纪末，哲学家再一次提出了这一"石里克之问"，并提供了大致相同的答案。

美国哲学家凯茨（J. J. Katz）在 1998 年出版的《实在论的理性论》一书中论证非自然主义的哲学观时，对 20 世纪哲学的语言转向提出了批评。他认为，语言哲学抛弃了哲学在古代所具有的特权地位，以各种形式的自然主义取而代之的做法，不仅把许多哲学家的杰出研究贬低为过时的形而上学的继续，而且，其把哲学看成是二阶的，即对自然科学提供的一阶知识的逻辑分析。其中，有影响的两条进路分别来自维特根斯坦和蒯因。维特根斯坦把哲学看成是一种语言疗法；而蒯因则认为，哲学研究与自然科学研究是相互制约的，如果没有自然科学的制约，哲学家的许多结论就会成为非科学的推测。因此，蒯因把哲学看成是"自然科学中的认识论"。凯茨批评说，这些自然主义的疗法不仅没有治愈哲学中形而上学的疾病，反而使这些疾病像传染病那样更加蔓延开来。因此，凯茨认为，对 20 世纪语言哲学革命的重新评价，以及对哲学研究的对象是什么的反思，依然是 21 世纪哲学研究的一项任务。在凯茨看来，哲学虽然不像科学那样提出关于实在的知识，但并不等于说哲学对于科学研究没有任何认识论的贡献。他认为，哲学既是一阶的，又是二阶的，

---

① 莫里兹·石里克. 哲学的当前任务. 哲学分析，2015，（1）：155-158.

哲学开始于科学停止的地方。① 在科学史上，爱因斯坦与玻尔关于如何理解量子力学的争论为凯茨的这种哲学观提供了一个佐证。

塞尔在世纪之交预言 21 世纪的哲学发展时，也是首先从澄清科学与哲学的关系入手的。塞尔认为，科学与哲学之间虽然不存在明确的分界线，但是，两者在方法、风格和前提上存在着重要的区别。在塞尔看来，科学问题是关于能够通过科学方法得以解答的问题，哲学问题则是关于概念框架的问题。他指出："一旦我们对一个哲学问题的修正与阐述，达到了使我们能够找到一个系统的方法对此加以回答的程度，它就不再是一个哲学问题，而是变成了一个科学问题。"这意味着，"当我们找到了科学方法回答所有哲学问题时，最终作为一门学科的哲学将不复存在"。然而，"这一直是古希腊以来的哲学家们的梦想，但事实上，我们采用的通过解决所有的哲学问题来消除哲学的方式，并不很成功……在古希腊人留给我们的问题中大约有90%的问题依旧是哲学问题，我们尚未找到科学的、语言学的或数学的方法来回答这些问题"。② 而且，科学的发展还提出了古希腊人所没有提出的新的哲学问题，比如，对量子力学、哥德尔定理的悖论结果的正确的哲学解释问题，古希腊也不会有像我们所思考的语言哲学或者心灵哲学这样的科目。为此，塞尔把哲学看成是处理概念框架的问题和我们不知道如何系统地处理的那些问题。

石里克、凯茨、塞尔三位在 20 世纪颇有影响的哲学家在以不同方式回答"石里克之问"时，在他们的心目中，已经包含了科学哲学的成分。石里克所说的哲学应以下行的方式关注科学的基础问题；凯茨所说的哲学也可能是一阶的，对讨论实在问题会有间接贡献；塞尔所说的在前科学的问题转化为科学问题时，哲学所起的促进作用，都属于科学哲学的范围。我们反思"什么是科学"的问题，并不是一个科学问题，而是一个典型的科学哲学问题。相比之下，我们反思"什么是哲学"的问题，却是一个典型的哲学问题；而反思"什么是科学哲学"的问题，则

---

① Katz J J. Realistic Rationalism. Cambridge：MIT Press，1998.

② 约翰·塞尔. 哲学的未来. 哲学分析，2012，（6）：163-181.

要求助于"科学"和"哲学"的定义。

在哲学、科学和科学哲学三者的关系中，从诞生的时间顺序来看，哲学最为古老，科学是技术传统与哲学传统交汇的产物。然而，科学一旦产生，反过来，又会极大地影响孕育它的哲学的发展。^①作为一门学科的科学哲学则是 20 世纪初的哲学家在借鉴科学研究的方式改造思辨哲学或观念论哲学的过程中发展出来的一个新的哲学分支。因此，科学哲学是在科学传统与哲学传统的基础上诞生的。同样，科学哲学一旦产生，反过来，也会极大地影响现代哲学的发展；而且，科学研究越深入，科学哲学的问题域就越丰富，其对哲学的促进作用就越强大，科学哲学在哲学中的地位也就越重要。

具体地说，哲学有不同的流派。20 世纪前半叶，在哲学中占有优势地位的是语言哲学，而语言哲学的创始人却是数学教授弗雷格，数理逻辑成为其重要的分析手段，当逻辑经验主义者把哲学的研究局限于辩护的语境中时，哲学从曾经的科学"母亲"的身份，被降格为科学的"仆人"，转而为科学服务。在此基础上诞生的科学哲学，曾一度成为西方哲学研究的主流，或者说，为一般哲学研究的发展起到了实质性的推动作用。近几十年来，心灵哲学取代了语言哲学的地位成为哲学的核心，而这一切显然归功于认知科学、神经科学、人工智能等学科的发展，甚至哲学的其他分支，如认识论、形而上学、行动哲学等反过来成为心灵哲学的分支。塞尔甚至认为，"今天在哲学中最为活跃的和最富有成果的一般研究领域乃是一般的认知科学领域"^②。这样，认知科学哲学的研究成为一般哲学研究的新基础，或者说，成为当代哲学领域内最活跃的一个领域。

除此之外，20 世纪的科学发展还对许多关于自然界的哲学假设和常识假设提出了有力的挑战。比如，普朗克提出的量子假设，打破了"自然界是连续的"观念，确立了"自然界是不连续的"量子化观念；量子

---

① 斯蒂芬·F. 梅森. 自然科学史. 上海外国自然科学哲学著作编译组译. 上海：上海人民出版社，1977：7.

② 约翰·塞尔. 哲学的未来. 哲学分析，2012，（6）：173.

力学中薛定谔方程的概率特征的确立，打破了传统意义上"把人类基于概率的认知归结为是无知的权宜之计"的观念，确立了"自然界的变化是随机的，而不是决定论的，决定论反而是概率等于1的一种特殊情况"的观念。这一观念的确立进一步挑战了曾经被康德说成是先验范畴的决定论的因果性观念。更值得关注的是，近 20 多年来，曾经是爱因斯坦和玻尔争论核心的量子纠缠以及薛定谔方程中的波函数的叠加性，现在像能量一样，作为开发量子信息技术的有效资源被加以利用，这一领域现在已经成为许多发达国家热切关注的焦点与热点。就像量子信息学家本纳特等人所认为的那样，"以量子原理为基础的信息理论，推广并完善了经典信息理论，就像从实数推广到复数完善了数一样"[①]。

现在的问题在于，不论是科学界，还是哲学界，都还没有消化量子力学带来的这些科学进步。物理学家在运用量子力学的形式体系解决物理学问题时，不会遇到任何认识论问题，但是，当他们在传播量子力学的理论体系时，却得出了不同的理解，量子力学的解释至今依然是量子哲学家讨论的核心论题，神秘的量子纠缠所必然导致的观念转变更是没有完成。正是在这种意义上，塞尔在预言 21 世纪的科学哲学发展时说道："21 世纪科学哲学最振奋人心的任务是对量子力学的结果给出说明，从而使我们能够把量子力学同化到整个融贯的世界观中，这也是科学家和哲学家的共同任务。我认为，在研究这一项目的过程中，我们将会不得不修改某些关键概念，比如，因果性概念；并且这种修改将对其他问题产生重大影响。比如，决定论与自由意志问题。"[②]

这说明，科学哲学与哲学的关系与其说是特殊与一般、部分与整体的关系，不如说是类似于建筑物的根基和脚手架与房屋的关系。因此，从哲学的视域来看，存在着三个层次的研究：科学研究、科学哲学研究和哲学研究。这里的科学哲学是广义的，既包括物理学哲学、生命科学哲学、认知科学哲学等，又包括笼统地关注科学的目标、方法、手段和

---

① Bennett C H，DiVincenzo D P. Quantum information and computation. Nature，2000，404：247-255.

② 约翰·塞尔. 哲学的未来. 哲学分析，2012，(6)：180.

成功等问题的一般科学哲学，第二个层次的科学哲学研究既与第一个层次的科学研究中的基础问题相关，也与第三个层次的一般的本体论与认识论等形而上学问题相关。因此，在这个意义上，科学哲学架起了科学与哲学之间的桥梁。

就科学、哲学和科学哲学对认知世界的贡献而言，科学是最直接的，因为科学直接关注实在世界中发生的问题；哲学是最间接的，因为哲学关注的对象是最一般的本体论和认识论等问题；而科学哲学则是介于科学与哲学之间的，既是直接的，又是间接的，因为科学哲学关注的是科学的基础问题。比如，爱因斯坦等人 1935 年发表的质疑量子力学完备性的 EPR 论文①的两个前提假设——实在论假设和定域性假设，就是从他们所坚持的科学实在观中提炼出来的。这篇论文不仅导致了薛定谔在同一年发表的设计了著名的"薛定谔猫"佯谬的文章中提出了"量子纠缠"概念，而且，后来经过玻姆的拓展，贝尔在 1964 年提出了检验量子力学是否正确的一个判别标准。这是物理学家基于哲学的质疑更深入地理解量子力学的概念框架的一个典型案例。

因此，从科学、哲学和科学哲学三者的关系来看，每一个层次的研究都离不开前一个层次研究中所提出的却暂时无法解答的问题。科学的问题最初源于日常生活，比如，在近代自然科学中，首先发展起来的学科是力学、光学、热学、电学、天文学、无机化学、有机化学等，这些科学学科解决我们在日常生活中遇到的仅凭常识无法解答的问题；然后，随着研究的不断深入，逐渐地拓展到宇观和微观等人的感官无法触及的领域。科学哲学的问题来源于在科学中提出但科学家并不热衷于解决以及在科学的学科内无法得到解决的问题，这些问题通常与科学研究对象的本体论和认识论特征相关，比如，电子、光子、基因等理论实体是否具有本体论地位的问题，就不是科学家所关心的问题，而是科学哲学家关心的问题。对这些问题的研究有助于促进一般的本体论与认识论问题

① EPR 是三位作者姓氏的首字母组合，这篇文章简称为《EPR 论文》，关于它的论证，简称为"EPR 论证"；关于它的悖论结果，简称为"EPR 佯谬"；关于它反映的微观粒子之间的关联，简称为"EPR 关联"。

的研究。哲学的问题来源于科学基础层次中更一般的本体论与认识论等问题。这些问题是在关于科学基础问题的不同的哲学争论中提出的，而这些争论本身在具体的某些哲学（如物理学哲学、数学哲学、生命科学哲学、认知科学哲学等）范围内无法得到解答，需要上升到更一般的哲学层次来讨论。

当然，这只是逻辑上的推理，在现实的研究活动中，通常情况是三者会交织在一起，找不到截然分明的界限。关于一般认识论问题的研究离不开科学认识论的研究，科学认识论的研究又进一步涉及关于科学的基本原理的前提和根据的问题，而这些基本原理是科学的基础。反过来，一个时代中处于主流的认识论又会影响科学家的理论观。同样，关于一般本体论问题的研究离不开科学本体论的研究，科学本体论的研究又进一步涉及关于科学理论提出的新的实体是否具有本体论地位的问题，而这些理论实体是科学理论得以成立的基础。此外，近些年来，随着科学技术的快速发展，关于一般伦理问题的研究离不开科学伦理和技术伦理的研究，而科学伦理和技术伦理的研究又进一步涉及更深层次的科学决策与技术决策问题，特别是，科学家与工程技术人员的伦理观将会极大地影响到他们对科学与技术的应用，如此等等，不一而足。

事实上，只要我们把不断发展的科学技术（如当前的互联网发展、大数据技术的应用等）看成是带来新的哲学问题的刺激源，哲学研究就必须高度关注今天的科学技术发展，科学哲学就越来越会成为发展一般哲学的奠基者、助推器或促进者。因此，我认为，当代哲学最重要的任务，不只是解读古本，更加重要的是，需要担当起把不同领域的科学家基于自己的科学实践提出的不同世界观协调起来，从而形成统一的世界观的职责。因为哲学不仅与科学和技术的发展相关，还与人类文明和文化的发展相关。特别是，当原本以事实判断为主的科学研究越来越与科学家的价值判断密不可分时，当原本以价值判断为主的文明和文化领域的研究越来越以历史上的事实判断为依据时，科学哲学的作用就会更加突出，一般哲学的地位也会随之攀升。

因此，科学技术研究越深入，科学技术哲学研究就越迫切，哲学研究也随之越重要。人类心灵的安顿离不开哲学智慧的导引。这也是筹划出版"当代科学技术哲学论丛"的主要原因。

成素梅

2018 年 8 月 1 日

前言与致谢

    写作这本书的过程是一个从 20 世纪 90 年代中期就开始的漫长而艰难的旅程。我们首先要感谢卡迪夫大学的一群学者，最初我们一起合作申请有关公共领域的专长研究经费。尽管后来没有拿到这笔经费，但是我们在一起想出了很多点子。在过去的几年时间里，忠实的知识、专长与科学研究中心（Centre for the Study of Knowledge，Expertise and Science，KES）小组每周都会举行的研讨会帮助我们重新思考了这些理念。我们要感谢塔米·博伊斯（Tammy Boyce）、西蒙·科尔（Simon Cole）、迈克·戈尔曼（Mike Gorman），以及已故的乔恩·默多克（Jon Murdoch），感谢他们对这项研究的雏形所做的贡献，以及他们的包容。我们也要感谢那些自愿阅读初稿并提供学术帮助的学人，马丁·库施（Martin Kusch）和埃文·塞林格（Evan Selinger）是其中的两位。我们要感谢学术会议和工作坊、研讨会上积极的听众，也要感谢将我们的这些理念运用到自己的工作领域中的人。甚至，我们要感谢那些劝阻我们进行这个领域研究的同行，因为我们的研究是比较另类的。我们尤其要感谢那些在批评之外真正给予理解的人——我们从他们身上学到了很多。芝加哥大学出版社一直都很出色。乔尔·斯科尔（Joel Score）是一个很勤勉和敏锐的人，帮我们对最后的文本进行了润色。感谢我们的责任编辑凯瑟琳·赖斯（Catherine Rice）的鼓励。在那些困难的日子里，芝加哥大学出版社、凯瑟琳还有克里斯蒂·亨利（Christie Henry）做出了明智的选择。

目　　录

|目　录|

导言：为什么要研究专长？

科学，如果它传播的是真理，那么它就不应该夹杂政治。早在 20 世纪初，那些认为科学有一天能够通过逻辑和实验解决所有问题的想法就被证明是失败的了。量子理论、哥德尔证明所揭示的哲学如同逻辑实证主义和近来的混沌理论所揭示的那样，就像在梦中，你刚赶到站台，完美科学的列车就开走了。这还只是"内部"问题。

20 世纪中叶，有人认为在托马斯·库恩的名著《科学革命的结构》中出现了由大众心理学取代科学有序发展的观点。随后，一系列对科学生活的研究，尤其是对科学争论的研究表明，科学的所谓"规范模型"与科学实践本身并不一致。到了 20 世纪后半叶，人们看到了技术的缺陷和其所带来的灾难，看到了生物学领域围绕科学进步的争论带有明显的政治化色彩，看到了科学家所没有估量到的核电的危害以及新的农业实践所带来的风险，使得公众越来越不相信科学了。环境保护主义和动物权利运动进一步加剧了公众对科学和技术的不信任，与此同时，对科学的社会科学研究则被起源于文学批评的"后现代主义"运动所湮没。

综上所述，这些倾向催生出一种*世界观*，即我们不知道如何在科学和技术与大众意见之间寻找到平衡点。今天，在世界范围内，人们常常 会说与科学家相比，他们更了解技术。对专家和专长失去了信心，这似乎预示着一种技术民粹主义时代的到来。

而关键问题是我们要找到一种讨论和思考科学与技术的方式，而不是去一味地责怪科学的认识缺陷和政治弱点。在本书中，我们不是把科学看作真理的传递者，而是要基于科学与技术的实践来分析专长的意义。或许，这将会使我们认识到尽管科学和技术不是万能的，但它们仍然是我们从未知的世界中汲取人类经验的最好的方法。这项分析的基本假设是在其他条件相同的情况下，我们要对那些"知道他者在说什么"（know what they are talking about）的人做出判断。这并不意味着正确的判断总是由那些"知道他者在说什么"的人做出的。相反，很多时候，专家的判断都是错误的。有时，我们预先就知道专家可能会犯错，因为他们过去错过。这个假设意味着，尽管那些"知道他者在说什么"的人会犯错，他们的建议也并不会比那些根本不知道他者在说什么的人更糟，而是更好。当然，这种看法在根本上是有歧义的，要看在什么情况下、讨论的是什么问题。我们会在一系列技术分析之后重新回答这些问题。首先，还是让我们先明确一下我们所要讨论的内容。

我们的讨论将要借助于新的专长社会学（sociology of expertise）。这种关于专家地位的社会学研究表明所谓的拥有"专家"这个称谓的人与拥有真正的、实质性的专长并不完全相关。本书无意对专家获得专家地位的过程进行更深入的讨论，而是认为这个过程意味着贡献，意味着在成为专家的过程中有更大的可能需要拥有实在的、实质性的专长。所谓把专长看作"实在的和实质性的"意味着把它看作实存，而非关系。关系论进路把专长看作专家之间的关系。专长的概念不过是一种"归因"（attribution）——通常是回溯性的，与任务有关——这是关系理论的一种典型说法。实在论的进路则不同。它的出发点是认为专长是专家群体所拥有的实在的和实质性的实存，个人需通过融入专家群体来获得

3 实在的和实质性的专长。因此专长的获得是一种社会性过程——是融入专家群体需要经过社会化实践而得到的产物——如果脱离了这个群体，就可能会失去专长。但并不是说"归因"到社会群体中就一定能获得专长，尽管此时已然享有社会化；因为在成为公认的专家的社会化进程中还需要付出时间和精力。而对关系理论而言，归因是一切。基于此，我们强调，判断个体是否拥有专长，与他者是否认可他拥有专长无关。

举个简单的例子，在法国，人人都会说法语，"即便是孩童亦是如此"，但这并不是专长。相反，一个说着一口流利法语的英国人却可以被看作一个专家，并且可以当翻译或教师，领着薪水。在法国，会说英语也是一种有用的专长。在纯粹的关系理论中，所谓说法语和英语的专长取决于你身处哪个国家。而从实在/实质性分析来看，所掌握语言专长的程度取决于你会说哪国的话。

将普遍存在的专长与没有专长等同起来就会引发一些严重的错误。比如说，在研发语言机器人之前，人们并不认为说话有多难。认为说话很容易，这本身就是一个*错误*，然后当人们试图让机器人像人一样说话时这个错误就迅速暴露出来了。关系或归因理论无法解决语言处理计算机是否真的能像其所宣称的那样能或者不能处理语言的问题。在关系理论中，语言处理计算机的成功取决于其用户的认可程度；在实在/实质理论中，即便语言处理能力很差的计算机在实践中非常有用，但是横亘在计算机和人类的语言处理系统之间的差异仍然是显著的，只是在日常生活中，人们可能并不关注它们的表现和人类有什么不同。

在第 1 章和第 2 章中，我们把对专长的思考用一种"滚雪球"的方式体现在一张表中，我们把它叫作"专长的元素周期表"（Periodic Table of Expertises）。需要特别说明的是我们的分类是基于对它的结构而不仅是层次的理解。它是理论性的，是基于默会知识（tacit knowledge）的理念生发出来的①，该表的不同之处在于它区分了互动型专长（interactional expertise）与可贡献型专长（contributory expertise），并对其进行了深入讨论和经验调查。该表中对其他专长类型的处理也大致相同。②如果这种研究进路可行的话，那么不去思考成为专家的不同路径及专长在不同群体间的分布以及群体间的关系，而只是简单地区分"专家"和"外行"的权利的话就有点奇怪了。

4

---

① 关于默会知识的用途的讨论，参见 Collins（2001a）。
② 柯林斯与桑德斯（Sanders）已经开始了对"牵涉型专长"（referred expertise）的研究。

需要说明的是：无论我们如何分析专长，我们都无法完全解决存在于专家和专门家（specialist）以及专家与领导、多面手之间的及其他民主问题。这种讨论早在古希腊城邦时代就有。柏拉图所谓的"哲学王"说的就是专家，但问题是"谁来守卫守卫者们？"不只是在当代关于科学和公民的辩论中，每当专家们和其他群体有所牵涉时，专长和民主之间尚未解决的矛盾就会再次浮现。当科学实验变得如此庞大，牵扯到管理人员、会计和工程师等专业人员时，其中必然会存在争论。谁来为曼哈顿计划负责？是罗伯特·奥本海默（Robert Oppenheimer）还是格罗夫斯（Groves）将军？奥本海默是否完全理解他所领导的科学？这就如科学家和英国公务员之间的争论所揭示的：是应该要"遵从"于科学家还是要他们"服从"？应该是由专门的管理者来掌管公共服务体系还是专家？20世纪七八十年代，参议员普罗克斯迈尔（Senator Proxmire）是不是有权说他发现了一个由国家科学基金（National Science Foundation）资助的科学项目存在造假行为——他把它叫作"金羊毛"（golden fleece）——还是说他无知，应该把科学决策权交给像迈克尔·波兰尼（Michael Polanyi）所说的"科学王国"（Republic of Science）中的科学家？①

5 　　这个难题亦存在于科学与技术领域之外。人类学家与原住民以及殖民者与被殖民的殖民地人民之间应当保持怎样的关系？你对当地人的了解要达到一种怎样的程度才能确保你所做的一切都是对他们有益的？在缺少对对方的世界有深入了解的情况下，局外人是否可以基于他们自身的利益或认识框架来解决问题？关于这场争论的现代学术版是从极端的立场认识论（standpoint epistemology）和针对少数群体的政治权利的学术研究中生发出来的。也就是说，是不是只有黑人才能做关于黑人的学术研究，女人研究女人，失聪者研究失聪者？抛开学术不谈，难道企业经理必须要了解设计和制造产品的专家们的工作吗？还是说有固定的管理模式？坎贝尔爵士（Lord Campbell）曾经在谈到他对伦敦周末电视台

---

① 关于奥本海默和管理的讨论，参见 Thorpe（2002）。有关激光干涉引力波探测器项目从"小"变"大"的细节研究参见 Collins（2004a）。在波兰尼1962年的著作中提到了"科学王国"的理念。

（London Weekend TV）的管理时说过这样的话（Muir，1997：324-325）：

> 你们这些领导可能认为由我来管理这些颇有才华的制片
> 人和演员会有问题，因为我过去一直从事制糖业，但是我可
> 以向你们保证，管理电视台的人和管理制糖工人是一样的。①

或许由专家和科学家来从事行业的管理工作会更有利于行业的健
康发展，抑或正相反。

0.1   "民间智慧"的观点

关于这个古老的争论的最新转折点体现在"民间智慧"（folk-wisdom）的观点上——认为在某些技术领域中普通人比专家更聪明。例如，1999 年《转基因食品的政治学：风险、科学与公众信任》（*The Politics of GM Food：Risk，Science and Public Trust*）中提到：

> 公众不需要对科学有太多的了解，因为越是了解科学的进
> 步与新技术的发展，他们思考的问题就越多。许多"普通人"
> 都对不确定性有着透彻的理解，如果说有什么不同的话，应该
> 说公众提前采取预防措施的直觉要超出许多科学家和政客。②

将民间智慧的观点和上文所涉及的围绕专长价值的争论结合在一
起会让人惊讶地发现——它们有异曲同工之处。比如说，从民间智慧的
观点来看，普通人通过观察科学的表象（surface）就能理解封闭的和
专业化的科学世界——就像殖民主义者和维多利亚时代的人类学家在
缺少直接经验的情况下理解土著人的世界一样。在这里，普通人被推到

6

---

① 缪尔认为 20 世纪 70 年代伦敦周末电视台雇员的大规模离职的原因在于董事会解雇了他
们才华横溢的老板。

② *The Politics of GM Food：Risk，Science and Public Trust*（Swindon：Economic and Social
Research Council，ESRC Special Briefing No. 5，October 1999），引自第 4 页。我们将在结论中对此
份报告做更详细的说明。有关现代的科学社会研究中的民间智慧的观点参见 Kusch（2007）。

了一个与经过"牛剑"①培养的（Oxbridge-trained）精英、经过富尔顿改革后的英国公务员培训制度培养出来的业余人士相同的位置上——"我们不需要专家，有好的思维就足够了。"（Fulton，1968；Hennessy，1989）同样，我们发现普通人的专长同参议员普罗克斯迈尔和坎贝尔爵士的专长没有什么不同。最后，我们还隐隐地感觉到在理解和研究少数群体方面，普通人并不需要掌握那些所谓极端的立场认识论强调的那些专家经验。这是否意味着无须经过晦涩难懂的学术训练，像阿尔夫·加尼特（Alf Garnett）[《至死不渝》（*Til Death Do Us Part*）]或阿奇·邦克（Archie Bunker）[《全家福》（*All in the Family*）]那样的普通人也能够形成对少数群体的可靠的、通俗的理解？

　　奇怪的是，所有这些都与对科学的社会学分析的主流观点相悖——真正的理解是包含默会知识的。默会知识是一种只有你沉浸在拥有它的社会群体中才能获得的知识。事实上，大多数人的生活都离科学很远，他们生活在一种关于世界的错误的确定性（false certainties）当中——有时是积极的，有时是消极的。用一句话来概括就是"距离产生美"（distance lends enchantment），之所以这样说是因为距离远就很难对科学论断的复杂性做出判断。就好像一个人在看画时，离得远一点就不会看到画布上残存的斑点和污渍，同样，远离公众的科学所呈现出的是一种虚幻的景象。经由实践而来的默会知识处在我们的专长研究即专长的元素周期表的核心。在默会知识与民间智慧之间存在明显的冲突。

　　本书的另一个指导原则是认为人类共享默会知识的方式是独一无二的。人类能够从社会群体中获得复杂的默会知识，这是非人类群体所不具备的。②即使不能清楚地表达，群体中的新成员也能从群体中分享这种知识。关于这一点，我们可以继续以说话为例加以讨论。没有一个非人类实体能够像人类一样流利地使用语言。人类是通过融入语言所属的社会群体来学习语言的，并且是通过群体中持续的社会互动来保持语言的流利性的。

---

① 牛津大学和剑桥大学的合称。——译者注
② 流行的行动者网络理论忽略了这些。

已知的任何非人类实体，无论是人工智能还是生物有机体，都无法通过这种方式掌握及流利地表达语言。单单依靠身体上融入群体是不够的。狗、猫、黑猩猩（尚存在争议）、大脑受损的人，以及还没有掌握语言的人，还有电脑，它们都与语言共同体保持着密切接触，但它们却都不能流利地表达语言。周期表上所列出的不同层级的专长与语言相似，它们也是通过社会互动来获得并通过社会互动来保持的。专长就和语言一样——"知道他者在说什么"意味着已经*成功地*涉身于专长所属的社会群体中了。

我们的观点可能会招致批评，因此，有必要做出一些说明：

（1）我们试着分析专长并重新定义专家的类型。这不同于做技术决策或帮助技术专家做决策，尽管这种专长和专家有助于技术决策。我们的技术型专长是"元专长"（meta-expertise）。它是基于我们自身的专长对专家和专家的专长所做的一种判断——是一种带有哲学意味的社会科学研究成果。

（2）我们并不认为公共领域的技术决策权应当归专家，或我们熟知的专家所有。在政治语境下做决策会带来很多问题。我们的意思是说我们应当为某些独立于政治领域的专长预留逻辑空间。

（3）分析专长并不是要打造哲学王或类似的专家。因为，首先，我们只是从技术层面上分析专长。政治因素并不在我们所讨论的技术范围内。一方面，它无法区分科学与技术；另一方面，政治可能会滋生出一种所谓技术的民粹主义（technological populism）观点，即强调没有所谓的专家，抑或技术的法西斯主义观点，即认为政治权利完全取决于技术专长。本书中，我们试图基于技术层面来界定专长。民主不能统治一切——这会摧毁专长，而专长也不是唯一的——它又会摧毁民主。

（4）我们从没说过我们能区分正直的专家和那些追求一己私利的专家。不用说，我们谴责这种人。

8

（5）长期以来，科学界中一直存在着针对科学和技术决策的不健康的垄断。即使在技术领域，这种垄断也是显而易见的：从技术上看，科学知识的生产周期都比较长，这迫使科学家常常要在科学知识得到公众认可之前就要做出技术决策。总之，*政治蔓延的速度超过了科学共识达成的速度*。结果，对科学权威的过度攫取对科学本身造成了损害，使得科学家的科学行动变得越来越不可信。而另一方面，科学家又常常强调他们是科学的卫道士，他们是在像守护道德或宗教一样地守护真理。如果要保持对科学的辩护的完整性，就要放弃所谓的普遍和永恒。我们必须要懂得如何来处理*可错的科学和技术*，因为在科学和技术上常常会碰到关于如何看待科学事实的问题。这不仅仅是认识论的问题，还是一个关乎技术共同体在达成共识前如何看待科学和技术的问题。

0.2 合理性问题和广延性问题

回首过往，人们会发现，逻辑和科学对于决策而言总显得太过脆弱，因为它们太过纯粹。它们就像玻璃——坚硬亦脆弱——很容易出现裂缝。对于技术决策过程而言，即使是在那些我们能够区分技术与政治的领域中，仍然也需要一些混合的东西。我们需要能经受住挫折与打击的东西。打个比方，我们需要山楂树篱也需要钢筋混凝土和土方，这样即使部分受损也会屹立不倒。我们分析的原材料就是混合着经验的专长，而我们的目标就是要分析这个混合体。

为了要解决西方社会所面临的这些紧迫的问题，我们首先要消解介于合理性问题（problem of legitimacy）和广延性问题（problem of extension）之间的张力。所谓合理性问题是说当人们普遍不再相信科学和技术时，我们该如何介绍新技术。①比较有效的途径是扩展公众在决策中的参与度。这就要加强科学"机构"和公众在科学和技术决策制定过程中的交流。正如英国上议院科学技术委员会的报告（the Report of the House of Lords Science and Technology Committee）所建议的：

> 与公众的直接对话应当从科学政策制定的附带选项变成科学决策研究组织和学术机构必须要考虑的因素，这成为这一进程中的常规的和不可分割的一部分。②

然而，公众的广泛参与却引发了广延性问题：我们怎么知道如何、何时以及为什么要限制技术决策的参与度，使得专家和外行之间的知识界限不会消失？我们对专长的分析试图在不破坏已有的合理性的解决方式的前提下，对广延性问题作出解答。 *10*

0.3 科 学 主 义

我们的论证是建立在那些对科学和技术的评论基础上的，这些评论

---

① 有调查数据表明，公众对科学的态度越来越积极，在此背景下我们来讨论合理性问题。把"公众"看成是一个统一的、缺少分层的群体的观点是错误的。危机感只适用于某些涉及公众的突出的案件。《技术与社会冲击》一书（Lawless，1977）讨论了发生在 1948—1973 年美国的 45 个有争议的科学案例，并列举了其他许多案例，使这个问题似乎变得日益突出。

② 参见 2000 年上议院报告的第 5.48 段。同见《科学与社会报告》（*The Science and Society Report*）（上议院科学与技术委员会 2000 年版）和《欧洲治理白皮书》（*The White Paper on European Governance*）（欧盟委员会 2001 年版），在后者的推动下产生了欧盟框架下的 6 项"科学与社会"项目。比如"科学与治理"（Science and Governance）项目旨在为专家意见的采纳制定指导方针（欧盟委员会 2002 年），并促进公民参与"对话与参与"（dialogue and participation）。详情可关注 http://europa.eu.int/comm/research/science-society/index_en.html。关于政府部门如何实施这些原则的指导意见见于"科学与技术办公室"（Office of Science and Technology）印发的"2000 准则"和 2000 年制定、2005 年更新的由内阁办公室制定的《书面协商行为准则》（*Code of Conduct for Written Consultations*）。美国的洛卡（Loka）研究所是一个非营利性组织，致力于强化社会对科学和技术政策的反馈。它在美国首次举办了"协商会议"[参见 Guston（1999）]，并成立了"电信与民主未来"（Telecommunications and the Future of Democracy）的公民咨询团 [参见 Sclove（1997）]。参见 http://www.loka.org。

在过去的三十年中不断发展，以社会科学的研究最为耳熟能详。然而，我们对科学的辩护路径是与那些认为科学仍然具有认识论的优先地位并且在西方民主中占据至关重要的位置的观点相左的。社会心理和政治的两极分化使我们的观点看上去有点不像我们的观点。在谈到我们对科学的看法时，让我们先回到 20 世纪 50 年代。与当时的某些"科学主义"（scientism）的观点进行比较，来澄清我们的观点。这里，我们总结了科学主义的四种表现。[①]

科学主义1：忠于科学方法或理性的规范模型。

科学主义2：科学原教旨主义，即一种狂热的观点，认为任何问题的唯一合理的解决方案都得在科学或科学方法中寻找。

科学主义3：在涉及公共领域的科学和技术问题时，科学家所限定的"命题问题"（propositional questions）是解决争论的唯一合法途径，但它却将问题所涉及的政治性搁置起来。

科学主义4：这种观点认为，科学不仅是一种资源，而且是我们文化的核心。

本书所讨论的科学主义特指科学主义 4，而不涉及其他三种科学主义。科学主义 4 是一种基于证据的科学规范和文化，它是决策过程中必不可少的。（我们还将在第 5 章中讨论"艺术主义"。）

0.4　本书的结构

在第 1 章中，我们将要分析专长，从分析专长的元素周期表开始。

---

① 韦恩（Wynne，2003）是这样来阐述科学主义的。当然，还有很多其他对科学主义的界定。这个词在用法上很大程度上是与实证主义重叠在一起的，哈夫彭尼（Halfpenny）曾经总结了其中涉及的21个变量。

此表是对专家在做技术决策时所用到的专长进行分类。在第1章的开头，我们简要地介绍了该表的结构。第2章继续讨论该元素周期表，主要是讨论元专长——用来判断其他专长的专长。在第2章的结尾，我们总结了它和其他专长之间的区别。

在接下来的两章中，我们主要讨论了一种特殊类型的专长，即"互动型专长"。第3章讨论的是互动型专长的哲学基础，特别是将我们的进路与德雷福斯的"涉身性"（embodiment）的概念进行了比较。互动型专长主要针对语言，在专长理论的发展过程中，这一点常常被强调个人身体属性的人所忽视。

第4章讨论了"模仿游戏"（imitation game）实验，介绍这个实验旨在进一步论证互动型专长。我们比较了色盲和没有音高辨别力的人（pitch-blind）——无法识别音高的人。这些实验论证了强互动型假设（strong interactional hypothesis）——在语言实验中，是无法区分拥有最大限度的互动型专长和可贡献型专长的人的。在第4章的结尾论证了这一发现在探测引力波实验中的意义。

第3章和第4章给出了所谓"专长实在论"（realist theory of expertise）*12* 的讨论和研究范围。尽管本书的重点是互动型专长，但同时也对其他类型的专长进行了讨论。

在最后一章即第5章中，回到了导言中所提到的本书的主旨，即在发展出一种专长的实在论后，我们要讨论的是如何将其应用于公共领域的技术决策过程中。其前提是先要区分科学和技术领域的专长与非科学和技术领域的专长。因此，最后一章集中讨论了科学与艺术、科学与政治、科学与伪科学之间新的划界标准（demarcation criteria）。我们希望通过这一章的引入重新唤起人们对关于科学与技术和其他文化形式之间的区别的讨论。

第1章 专长的元素周期表1：
普遍的专长和专家的专长

1.1 关于元素周期表的介绍

表1.1是专长的元素周期表——列举的是一个人在做决策时所用到的专长。该表是二维的，后面会讲到，它也可以变成三维的。本章主要讨论表的前三行。下一章讨论最后两行——元专长和元标准（meta-criteria）。然而，我们首先要对整个表做一个简要的说明，它是一个"现成的参考"图——清楚地展示了专长的整个结构和类型。在第2章的结尾，我们会对它有个总结。

首先来看第一行，*普遍的专长*（ubiquitous expertises）就比如说话，它是社会成员必须掌握的能力；当某人有了普遍的专长后，他就有了默会知识——你只是知道如何去做，但你没法解释做的规则是怎样的。这一行还包括那些需要做出政治判断的专长。这一行的下一行讨论的就是技术层面的专长了——涉及科学和技术领域。

素质（dispositions）对整个表的概念框架而言，不是特别重要，它指的就是个人素质——我们要讨论的是语言的流利性（fluency）和分析问题的能力。

再下一行是*专家的专长*（specialist expertises）。可以把低层的专家

的专长看作知识——比如确保在知识测验中过关所用到的知识。有的人　14
可能记忆力很好，但除了考试之外，什么都不会。在专家的专长这一
栏中，表格左侧列出了三种低层的专长。需要注意的是，只有那些已
经拥有普遍的专长的人才会认为低层次的专长很容易获得，但即便就
获得低层的专长而言，也要以普遍的、不太引人关注的普遍的专长为
基础。

表 1.1　专长的元素周期表

	普遍的专长				
素质				互动能力	
				反思能力	
专家的专长	普遍的默会知识			专家的默会知识	
	啤酒杯垫知识	公众理解	主渠道知识	互动型专长	可贡献型专长
				多态	
				单态	
元专长	外部（转化型专长）			内部（非转化型专长）	
	普遍的判定	局域判定	技术鉴赏力	向下判定	牵涉型专长
元标准	证书		经验	从业记录	

　　要想获得较高层的专家的专长，光靠普遍的专长是不行的。比前述
的三种专家的专长更高层的是*专家的默会知识*（specialist tacit
knowledge），它就不仅是要知道事实或类似事实的关系了。这两种更高
层的专长被列在表上专家的专长那一行的最右面。最高一层的专家的专
长就是*可贡献型专长*了，它是一种胜任能力。比它稍低一点的就是*互动
型专长*，它是一种在缺乏亲身实践的情况下，掌握了某个特殊领域的语
言的能力。很多人都有互动型专长，从同行评审专家到高级记者，更
不用说社会学家或人类学家了，但似乎以前没有就此问题进行过专门
讨论。本书花了很大篇幅来阐释互动型专长的概念，因为它是一个新
概念。

　　再往下，第四行是*元专长层*。有两组元专长，一组是比如法官的特　15
权，他们没有专长，却能够对拥有元专长的专家做出评判。判断的形成
是基于专家的行为举止、言论的内在一致性以及他们的社会地位等。这
属于"转化型专长"（transmuted expertises），因为他们是基于社会判断

形成技术判断的。第一种判断取决于民主社会中的普遍的专长，比如某人对政客、推销员、服务人员的判断等。第二种判断来自你的"地方性知识"（local knowledge）。而第二组的元专长不需要转换，因为它们是基于另一种类型的专长。其中，*技术鉴赏力*（technical connoisseurship）指的是类似于艺术评论家或品酒师的专长，关键是他们本身不是艺术家，也不是酿酒师。中间的判断与技能有关——是一个专家去评价另一个专家的技能。而这种所谓中间的判断又有三种指向：一个专家可以评价比他水平更高的专家，也可以评价和他水平相当的专家，还可以评价比他水平低的专家。对大多数专家而言，他们认为这三种评价都可取，但我们认为只有从高到低的评价才可信，其他指向的评价的可信度没有那么高或容易引起争议。因此，在周期表中可以信赖的评价就是向下判定（downward discrimination）。"*牵涉型专长*"（referred expertise）指的是一种学习另一个领域的专长时所用到的专长。在本章中，我们将会用到大型科研项目管理的例子来说明这个概念。

表 1.1 的最后一行是外行为了避免遇到上述困难，用来评价专家的标准。他们可以检查专家的资格，可以检查专家的成功记录，或者，我们认为最好的评价方法是对专家的经验进行评估。

1.2 普遍的专长

下面我们从表 1.1 的最上面一行开始，逐一对专长的类型进行分析。普通人的才华和技能常常被忽略。可以说，"毫无疑问"，很多聪明人都试图把普通人的智慧存入计算机中，但最后都会意识到这是一项多么艰巨的任务。①我们所谓的"普遍的专长"包括生活在人类社会中所需的

---

① 我们前面提到过，这是计算机自然语言处理专家所犯的错。

数不清的技能，这些曾被认为是不值一提的。[①]社会基于它的"生活形式"或"文化"，为它的成员提供了获得普遍的专长的土壤。流利地掌握语言只是普遍的专长的一个范例，其他还包括道德敏感性（moral sensibility）和政治判断（political discrimination）。这些能力是人们在生活中学到的。对于普遍的专长而言，不涉及所谓的广延性问题，因为其中涉及的每个人都是可贡献型专家。[②]因此，当我们在批评民间智慧的观点时，并不是要否认普通人也有专长，我们只是认为要把普通人所拥有的普遍的专长和技术专家所拥有的专长区别开。我们必须为除公众以外的人的专长留有逻辑空间，因为即便有了普遍的专长，普通公众也无法拥有专业领域的专长。

　　在进入专业领域前需要注意的是，我们在*某些方面*表现得很熟练并不意味着我们在*所有方面*都很熟练，因为我们还需要有经验。比如，一个人在睡懒觉方面很有经验，但并不能因此就说他是这方面的专家（除非是讽刺他）。为什么呢？因为睡觉不需要实践，所有人都能掌握它，这种经验并不能让我们获得什么技能。

　　现在，让我们回到核心问题上来，普通人能够在专业领域中掌握多少专长？要回答这个问题我们先要搞清楚获得专家的专长的途径。我们可以构建一个关于专家领域的知识或专长的阶梯。毫无疑问，构建阶梯的方式有很多种，我们要提出我们的方式。

_17_

---

① 关于即使是麦当劳里面操作不太熟练的员工也拥有着大量的普遍的专长的讨论参见 Collins 和 Kusch（1998：第 8 章）。显然，因为没有认识到这种专长的价值，就认为获得它很容易。

我们之所以将其称作是"普遍的"专长是因为它是"深奥的"反义词，在《钱伯斯字典》中给出的定义是"外行可以理解的，普遍的或司空见惯的"。用"外来"（exoteric）来形容它是不恰当的，因为根据定义门外汉是没有专长的，但有了经验就有专长。我们不认可"外行的专长"（lay expertise）这个概念也是有原因的。《钱伯斯字典》是如此定义"外行"的：俗人、非专业人士、不是专家的人。在亚里士多德那里，实践智慧是精明与智慧的结合体——道德语境下的实践智慧——涵盖了普遍专长概念的一部分内涵，但没有抓住语言所表达的那部分。

② 在律师起诉麦当劳销售过热的咖啡胜诉后，随之而来的是对消费品的警告和保护措施越来越多，这是一种居高临下的姿态——认为公众没有能力通过正常的社会化过程来学习生活的规则。

技术型专长在社会中无处不在——比如，连接插头或修理保险丝的能力。2005 年，在帕萨迪纳（Pasadena）举行的科学的社会学研究协会会议上，维贝·比克（Wiebe Bijker）认为，从整体上来看，荷兰人在筑坝方面有充足的专长，可以参与有关新项目的公开辩论，而大家一致认为，路易斯安那的居民在筑坝方面的专长水平很低。这种说法是否正确还有待证实，但这是一个值得深思的问题，也是本书讨论的核心。

如前所述，我们的模型是以人为中心打造的。几乎所有的人类专长都包含默会知识，即你明明知道如何做但你就是说不出来。因为普遍的专长的规则无法描述，所以没办法把它们输入计算机中。我们将会在第3章中对默会知识做进一步探讨，现在先让我们来讨论一下默会知识作为一种知识类型，获得它的两种途径。有些知识的获得途径和专家的默会知识的获得途径一样；而有些知识的获得则包含了在获得信息过程中对默会知识的训练，即在第二种知识获得的过程中，获得普遍的专长需要用到默会知识。比如说，无须语言交流，仅通过阅读或者听就能用与语言有关的普遍的专长获得新信息（明确的知识）。专家的专长就包括按这种方式获得的普遍的默会知识。要获得更多的专家的专长就需要沉浸在特定的专家的默会知识领域中，这样才能获得更多的默会知识。要掌握默会知识专长比如开车，除了要有驾驶车辆的实践外还要将不成文的交通规则烂熟于心。同样地，要想成为科学或技术领域的专家就需要沉浸在专家所在的社会环境中。这样我们就可以粗略地把专长分成两种类型：那些包含普遍的默会知识的专长和那些涵盖专家的默会知识的专长。①

1.3 包含普遍的默会知识的专长

1.3.1 啤酒杯垫知识

现在我们已经知道，人类专长包括*普遍的专长*。要成为专家，最基本的要拥有"啤酒杯垫知识"（beer-mat knowledge）。我们先来看一下关于全息图的解释。

---

① 注意：像熟练驾驶汽车这样的专长是广泛的，但并不是普遍的。即使社会中的每个人都能做到，但开车也不是一种必要的社会技能，它需要经过专业的培训并掌握专家的默会知识。

全息图就是一张三维照片——你可以直接看到里面。在普通的照片中，你所看到的是相机在正常光线下从一个位置捕捉到的物体。

全息图的不同之处在于，物体是通过激光拍摄的，激光被分割后从各个角度环绕物体。结果——就是一个三维图片！

这是在 1985 年"杯杯香"（Babycham）公司生产的啤酒杯垫上发现的关于"什么是全息图"的解释。它能让人们对于全息图有所了解。啤酒杯垫上的文字并非毫无意义，也并非全都是谜语或笑话。如果有人看到了这个啤酒杯垫，你问他："你知道全息图是怎样工作的吗？"他就会回答："知道。"而没有看到这个啤酒杯垫的人，你问他同样的问题，他就会说"不知道"。那么，一个人看过啤酒杯垫之后，他的专长是否会有所提高呢？

现在让我们来谈论另一个话题，关于下国际象棋的规则。同样，我们也可能会在啤酒杯垫上看到过下国际象棋的规则，即"任何时候，'象'（bishop）都只能斜着走，无论前进或后退"。但是，了解这个规则的方式可能不止一种。虔诚的犹太教或天主教徒也许能用希伯来语或拉丁语诵读经文，但却可能不知道它们是什么意思。因此，知道如何走"象"，使某人在"棋盘问答"（Trivial Pursuit）游戏中得分，有别于知识，重要的是，知道走"象"的规则并不意味着真正了解其意义。比如说，你在啤酒杯垫/棋盘问答中听说过这个规则所指涉的"距离"是用棋盘上的方格来表征的，它永远不会超过七个方格；也不知道"距离"意味着它的行进路线不能被其他棋子挡住；还有"象"要斜着走，你不清楚在棋盘上"象"只能在一种颜色的方块中走（即使棋盘上只有两种颜色）。简而言之，如果没有充分了解的话，单凭啤酒杯垫式的学习方式去学习"象"的移动规则，并不足以使某人学会下棋（除了能在一般性的知识测试中得分）。仅就知道"象"在棋盘上和国际象棋比赛中移动的规则这件事而言，国际象棋新手与普通的"棋盘问答"参赛者完全不同。新手知道如何在棋盘上走"象"。(只有具备了充足的经验,初学者才会知道,在什么时候、在什么情况下去走"象"比较好。而国际象棋大师则能预见到走"象"是否是棋局的转折点。)

让我们再回到关于全息图的问题上,了解了啤酒杯垫上的解释也并不能使读者做下列事情:比如做一个全息图或者能谈论全息图的本质,或纠正某人关于全息图的错误观点,或能就全息图的肆意传播所带来的长期危害做决策,或能传达关于全息图除了公式外的任何信息。

1.3.2　公众对科学的理解

现在让我们的讨论进入到下一层,比啤酒杯垫知识更高级的是公众理解(popular understanding)。①借助科学领域的媒体和书籍上的信息,就能够得到公众理解。它就像英国皇家学会公众理解科学委员会(Committee for the Public Understanding of Science,COPUS)这样的机构所给出的指导意见。

与啤酒杯垫知识相比,所谓的"公众理解"对信息的含义的理解比啤酒杯垫知识要深。基于公众对科学的理解会形成一些推论,比如我们知道"抗生素不能用来治疗病毒性疾病,而流感是一种病毒性疾病,因此不能用抗生素来治疗流感",或者"用电水壶烧水时水中所有元素也都在电水壶里,而当我用煤气炉烧水时,热量则有部分损失,所以假设发电站燃气发电的过程中没有浪费太多能量的话,那么电水壶烧水比煤气炉烧水损耗的能量要少"。在某种程度上,公众对科学的理解可以在人群中传播——传播的是理念而不是公式。

对研究周期较长的科学项目而言,在决策方面,深入地了解科学和技术与"公众理解"所发挥的作用并没有什么不同。当科学已经有定论时,作为启示的科学知识和对科学的深入理解对于结果的影响并不大;然而当科学陷入争论时,分歧就很明显了。过去三十年的科学的社会学

①　我们很感谢马修·哈维(Matthew Harvey)创造了公众理解这种类型。

研究经验告诉我们，在科学争论中，细节、默会知识以及科学核心层的科学家是否值得信任，都是诱发技术决策的关键因素。公众理解隐藏了细节，也消除了科学家的疑虑。这一结论在科学知识社会学中得到了公认，用一句话来概括就是："距离产生美。"除了特殊情况，一般而言，距离知识生产的时空越远，知识看起来越确定。因为，如果要保证确定性，就要在实验或理论上尽量隐藏技能及其他容易出错的问题；如果人类行动在实验中被看得清清楚楚的话，那么，能看到对的东西就能看到错的东西。[①]任何对科学核心层所发生的事件的再描述，即使受众是最专业的人士，也是经过简化了的；如果面向的是普通观众的话，简化的就更多。在科学中，决策比公众理解要考虑的不确定因素更多，这至少是对*慎重的*决策过程而言的。因此，在有争议的科学中，相当于公众理解的理解水平可能导致糟糕的技术决策。

基于公众理解来做决策的问题同时适用于肯定和否定的结论——无论受众是全盘接受他们所看到的和听到的[比如他们可能会认为史蒂芬·霍金（Stephen Hawking）所说的黑洞理论是真的]，还是拒斥这种说法（比如他们可能会认为所有政府所说的关于疫苗安全的说法都是骗人的）。这两种对证据的解释都会因公众理解的传输路径上的"窄带"（narrow bandwidth）的范围而被强化。[②]

之前官方版的对公众理解的解释有一个问题，就是没有区分已经达成共识的科学和正在争论中的科学，特别是把争论中的科学看作统一的专家共同体所制造出来的知识的一部分。这其实是把增进公众理解的努

---

① 关于"距离产生美"的论述，参见 Collins（1992）；对其的修正参见 MacKenzie（1998）。科学知识社会学家路德维克·弗莱克（Ludwik Fleck）在这个词还没发明之前的 20 世纪 30 年代就曾说过：

通俗陈述（popular presentation）的特点就是省略掉了很多细节，尤其是有争议的部分，这就造成了一种人为的省略……无可指责的评价仅仅是接受或拒斥了某些观点。简化、清晰和无可指责的科学——这些都是外来知识最重要的特征。思想不能受限，经过努力才能发现简化和评价的图景。（Fleck 1979 [1935]，112-113，第一次如此说）

② 记载了把对科学知识的研究从实验室扩展到更广的范围的文献（Latour and Woolgar，1979），描述了"窄带"的扩张（如当进入公众领域后，实验的时间、地点以及个人信息都陆续消失了）。

力当成了一种宣传手段。①对于那些热衷于宣传的人来说，危险在于积极的宣传也会带有负面的东西，在理解上会带来不确定性。

　　总之，公众理解比啤酒杯垫知识进步了一大步，但距离深入地理解科学还有很长的路要走。当科学争论已解决、已经达成共识时，公众理解和深入地理解科学之间的差距并不大；但是在科学处于争论阶段时，差别就很明显。科学是充满争论的，在公众领域也的确存在关于科学的争论，所以尽量缩短公众与科学之间的距离感是至关重要的。

1.3.3　主渠道知识

　　公众理解的下一层是通过阅读专业文献来获得的知识，我们把它称为"主渠道知识"（primary source knowledge）。现在，互联网为这种知识提供了强大的来源。即使是通过主渠道也不可避免地会对有争议的科学领域存在误读或曲解，即使这并不明显：一开始阅读专业文献是很困难的，材料的专业性很强，会给人一种感觉，即一定要先掌握技术才行。这就给人一种感觉，即掌握主渠道文献是形成民间智慧的关键因素之一。②

　　事实上，对于那些没有与身处争论漩涡中的科学的核心层的科学家有过接触的人来说，他们会对文献记载产生一种错误的印象，即认为科学是确定性的。其实很多专业文献几乎从来没有被人阅读过，所以即使某人只是想粗略地从现有的出版物中掌握一些科学知识的话，他也要知道先读什么、不读什么，这就需要先与科学家共同体进行接触。通过阅读专业文献来理解科学争论所花费的时间较长。③于是，问题是：即使

---

　　①　对此问题最知名的研究见于路易斯·沃尔波特（Lewis Wolpert）的研究，他曾经是 COPUS 的主席，他的书《科学的非自然本质》（*The Unnatural Nature of Science*）强调了科学对事物的理解与常识有多么不同。

　　②　现在有这样一种现象甚为普遍，即患者拿着从网上下载下来的资料去看医生。这种信息收集方式在某些领域中是有价值的，但不能忽视的是社会学家认为：对这些信息的评估需要基于培训和经验。关于医学领域的专长的讨论，参见 Collins 和 Pinch（2005）。

　　③　有一些发表的物理论文，表面上看来似乎很有学术价值，但对于真正了解它的人来说并没有什么实质性贡献［参见 Collins（1999，2004a）］。

是对于那些能够阅读专业领域研究文献的人而言，难道他们所掌握的知　　*23*
识就能够与那些能够玩"棋盘问答"游戏的人、下国际象棋的新手，抑
或有经验的国际象棋棋手或知道如何走"象"的国际象棋的专业棋手的
知识相匹配？我们认为，在科学争论中，拥有主渠道知识的人对于科学
的理解并不比下国际象棋的新手对于如何走"象"的理解好多少。

1.4　涵盖专家的默会知识的专长

在过去的半个世纪里，在理解专长的方式上，最重要的转变是不再
把知识和能力看作符合逻辑的或数学的，而是把它们看作智慧的或胜任
的模型。如前所述，现在专长越来越被看作实践性的——你能做到，但
你可能说不清楚也不是习得的。这种转变在一定程度上受到了海德格尔
（Heidegger）和梅洛-庞蒂（Merleau-Ponty）等现象学哲学家的启发。
提出了"默会知识"概念的波兰尼也产生了一定影响，特别是在科学
家和科学哲学家中间，然而，在科学社会学家中影响比较广泛的是维
特根斯坦，特别是他提出概念的意义在于使用；是概念的使用塑造了
它的意义，而不是概念的逻辑分析（Wittgenstein，1953）。①维特根斯坦
对心智（这是所指的）的理解促使我们从实践而非书本的层面上来理解
专家的知识。②因此，掌握一种带有很大的默会知识成分的高水平的专
长，不管是开车还是物理实验，都像是学一门语言一样——是通过沉浸
在某种文化的生活方式中而不是通过字典和语法或其他等价物来获得
的。前三种专长——啤酒杯垫知识、公众理解和主渠道知识，可以说都

---

①　维特根斯坦的行文有点像格言，对它的理解有很多种不同的方式。这里所采用的解释来自
Winch（1958），与 Bloor（1973，1983）提到的意思相同。
②　我们必须注意到，最近科学研究的主流是布鲁诺·拉图尔（Bruno Latour）和迈克尔·卡龙
（Michel Callon）所谓的行动者网络理论（actor network theory），即要绝对置身于专长或其他人类社
会属性或人类特殊能力之外。

不属于"专家的专长"类型，因为它们都缺少专业领域的默会知识；仅需通过阅读就能获得这前三种专长（尽管它们也需要掌握普遍的专长），而不需要沉浸在某种专业文化中。"文化适应"（enculturation）是掌握涵盖默会知识的专长的唯一途径，因为只有通过与他人互动的实践才能理解那些无法被书写的规则。

我们在分析那些需要沉浸在文化中才能获得的专长时的独到之处在于将它们一分为二。我们将传统的通过实践获得的能力称作"可贡献型专长"。*"可贡献型专长"* 顾名思义，就是说某人的专长是能对其所处的领域有所贡献的：可贡献型专家能够对他们的专业领域做出贡献。这是传统的思考专长的方式，在讨论新的专长类型即*互动型专长*之前，让我们先来讨论可贡献型专长，我们认为互动型专长对于专长的理解而言有着重要意义。

1.5 可贡献型专长

获得可贡献型专长的五步骤模型是非常著名和有所影响力的，它代表了一条重要的进路——强调身体技巧的"内化"（internalization）的进路（Dreyfus H. L. and Dreyfus S. E.，1986）。[①]可以把它用三维图表表示出来。按照五步骤模型，只有在技能获得的早期阶段需要计算，需要思考如何按照规则行动（在我们所列专长元素周期表最左侧的专家的专长中）；当技能开始"涉身"（embodied）时，规则意识就开始淡化了，这对熟练操作至关重要。可以用学习开车的例子来说明这五个步骤（Dreyfus H. L. and Dreyfus S. E.，1986：21-36）。

步骤 1 是*新手阶段*。新手是完全按照规则操作的，结果就是操作得磕磕绊绊，对语境的变化毫无反应。这种获得技

---

① 当然也有其他研究专长和学习的进路多见于教育学领域，如 Ainley 和 Rainbird（1999）、Coy（1989）、Pye（1968）、Lave（1988）、Lave 和 Wenger（1991）。

能的方式是一种"机械性地"遵守规则，比如"当汽车达到时速 20 英里（1 英里=1609.344 米）时，就要换挡"。这是一种"语境无关"规则，因为在运用规则的过程中学习者不会考虑运用规则时的外部条件。

步骤 2 是*有进步的初学者阶段*。随着掌握的技能越来越 25多，在操作中会意识到一些无法名状的情境，比如说根据引擎的声音判断出是否要换挡，根据不同挡位的速度判断车子是在上坡还是下坡。

步骤 3 是*胜任阶段*。在此阶段上"认识到语境无关和情境要素"（recognizable context-free and situational elements）是至关重要的，专长依赖于直觉多过于认真计算。"解决问题"已不再是主要问题。

步骤 4 是*熟练阶段*。熟练的驾驶者能意识到"整个"开车情境中的问题，就好像有进步的初学者对周围环境的特征产生了认识一样。在有进步的初学者阶段，是用经验来判断引擎的声音的，而在熟练阶段则可以凭借经验来判断交通状况。然而，仍然需要对某些特殊情况进行分析然后做出决策。

步骤 5 是*专长阶段*。达到专家的层面，对语境的判断是无意识的，并在此间自然的行动，所遵行的规则是无法言述的，即使能够描述规则，这些规则也很可能与初学者被要求遵守的规则有出入，甚至相左。因此，开车上班成为一种很寻常的经验，甚至你可能都不记得怎么开到目的地的；在整个行进过程中我们可能会思考别的事情，是靠无意识的思维支配着大脑来控制车辆的，就好像我们平常一边走路一边想事情，一边吃饭一边想事情一样（我们并没有认真思考如何吃饭和走路）。同样，如果是专家有意识地专门去做某事的话，通常效果都不太好——就好像如果蜈蚣在走路时一直去想该怎么迈腿的话，它就会把自己绊倒。总之，如果技能要想变得熟练的话，它必须是"内化的"。①

26   在我们的三维表格中有一栏代表着五步骤模型，我们会对其他实践技能进行验证，但五步骤模型不在此列。五步骤模型，同时作为一种可贡献型专长模型的问题在于它的个人主义倾向。在关于技能的本性的争论中，有很长一段时间都是围绕着骑自行车（bicycle-riding）的问题来讨论的，现在暂时让我们把目光从开车转移到骑自行车这件事上。骑自行车这个范例最早是由迈克尔·波兰尼提出的，他指出骑自行车的物理学原理是很复杂的、有别于常识，但对于那些真正会骑自行车的人来说，这些知识毫无用处。设想我们的脑神经的运转增速 100 万倍，情况会改变吗？反过来，如果速度变慢又会怎样？假设失去平衡的速度减慢（就像在月球或引力场更小的小行星上骑自行车那样）。自行车要过很久才会跌倒，这样就有时间去读一读关于平衡的书了。这时，骑自行车变得就像组装家具：你手里拿着说明书，然后小心翼翼地按照说明书操作。②骑自行车的原理并不像想象中那么深奥。即使人不能掌握，也没有一个先验的理由能够说明为什么比人快得多的机器不能掌握。③

其实，波兰尼讨论的并不是"骑自行车"而是"自行车的平衡"（bicycle-balancing）问题。*骑自行车*这个行动的完成包含两部分：首先是保持平衡，其次是遵守交通规则。同样，开车也由两部分组成：首先是要控制离合器和转向灯等，其次还是要遵守交通规则。遵守交通规则的问题*不同于*自行车保持平衡或使用离合器的问题，它涉及理解交通规则

---

①   比如，会让人想到行人穿越马路的方式。明确的规则——"向左看，向右看，再向左看，如果没有车，就快速地穿过"——但这套规则在形成了穿越马路的技能后就不再起作用了；除非当我们去了另外一个国家，那里的车辆是在另一侧通行，这时候我们又需要重新认真学规则了。过马路的初学者是按照明确的规则来行动的，但是有经验的行人已经掌握了一套无法言说的技能，这种技能能够保障他们在碰到无法预知的情况时一样能轻松应对。随着过马路的能力的提高，行人不再需要那么多过马路的知识。事实上，经验丰富的行人在行动中并不是像机器那样，需要按照一套程序才能行动，比如和司机眼神交流等。过马路的例子就非常符合德雷福斯的模型。

②   参见 Collins（2007）关于在月球上骑自行车的讨论。或者，想一下运动员的技能。在棒球和板球比赛中击球手的大脑运转速度在 1000 倍，又是另外一种情况。如果他们打的是固定的球的话——就和打台球或高尔夫球的技能差不多——需要计算。Collins 和 Kusch（1998）指出人打高尔夫打得比机器好。

③   事实上，机器可以骑自行车，是通过类似陀螺传感器的装置实现的。似乎机器模拟装置是可以模仿的。

的社会约定。它只有社会群体属性，会随着时空的变化而变化。要掌握   *27*
这些技能，不仅需要技能本身，还需要融入相关的实践群体中去。

我们把骑自行车和遵守交通规则之间的差别比作单态（mimeomorphic）
行动和多态（polimorphic）行动之间的差别（Collins and Kusch，1998）。
无论单态行动多么复杂、多么难以掌握，都不需要理解社会规则，并且
原则上可以被分解成许多模仿行为——虽然有时也会因实践过程太过
复杂而无法完成。正是由于该原因，工厂的自动化必须从制造过程的标
准化开始，而不仅仅是更换生产链上的某台机器。此外，正如波兰尼所
说，人（在正常的时间范围内工作）不能像机器一样获得复杂的单态行
动。在大多数情况下，人学习和获得新能力的过程是内化的，就像是学
习一种社会技能一样。对骑自行车更细致的分析表明这是一个关于人的
局限性的问题，而不是一个专长的内化的问题。有时，机器倒没有任何
束缚，能够掌握技能，我们可以设想，一个计算速度非常快的计算机
被制造出来了，它能依据骑自行车的物理原理和一组反馈装置使行进
的自行车保持平衡。另外，多态行动的确立取决于社会理解，其行为
要符合不断变化的社会环境，它们不能为机器所掌握，因为机器无法像
人一样顺利地适应社会生活。

我们指出了在专长的元素周期表的可贡献型专长下的两者的差别，
但有人可能会认为还有第三重维度的分类方式，对表中的每一种类型的
专长的分析都存在这种情况。在这里我们不会花过多篇幅去讨论单态和
多态行动，因为它们不是本书所要讨论的主旨——对其的解释参见本页
脚注。这种区分对于理解人和机器之间的关系至关重要，对于理解专长
获得过程中的人的身与心的关系也是至关重要的。①

---

① 野中郁次郎（Nonaka）和竹内弘高（Takeuchi）关于面包机的著名范例也可作为将人类行
动分为单态与多态行动的范例。如果做面包和听音乐一样，是需要依靠语境才能做出来的话，那么
使用面包机就和听音乐磁带而非现场聆听一样。前者播放的都是一样的，而后者则不同。事实上，
当我们认真地去观察做面包的单态行动的话就会发现，面包机的投入量和产出量都比人工操作更标
准（Ribeiro and Collins，2007）。关于德雷福斯对专长的分析和我们的分析之间的差异见 Selinger，
Dreyfus 和 Collins（2007）。

1.6 互动型专长

第二种经常被忽略的、包含默会知识成分在内的专长是互动型专长。这是在缺少*实践*的情况下通过*语言*获得的一种专长。它与我们刚才所强调的实践——做——不同，我们将做更深入的探讨。

1.6.1 为什么互动型专长总是被忽略?

简单说来，现有的学术文献主要将知识分两种：一种是形式化的或者说命题式的知识；另一种是非形式化的或默会的知识。形式化的知识可以用规则、公式和事实表示，可以把它编入计算机程序或写在书本上等。非形式化或默会的知识也是有规则的，但是它们的规则无法被明述，只能通过行动表示。当试图打破其所涉规则时，就能清楚地看到其是多规则支配的。也就是说，对于那些置身于生活形式中，将规则内化的人在试图打破规则时便能觉察到规则。①在"人工智能"领域中讨论的一个持久的话题是：如果规则集足够大，那么能否通过形式化的规则来编辑那些非形式化的东西？对这个问题的看法是两极分化的。

换句话说：语言，无论是自然语言还是某个特殊领域的语言，都有两种处理方式。

（1）*非形式主义观点：要掌握一门语言，就要完全沉浸在一种特定的生活形式中。*

---

① 比如说，我不知道在不同的社会当中和别人保持多远的距离是合适的，但是当我在这个社会中生活一段时间之后我就知道了。并且，因为我了解了，我就知道如何去打破，甚至于当有人在我所处的社会中破坏了这个规则的话，我马上就能意识到（他站得离我太近）。

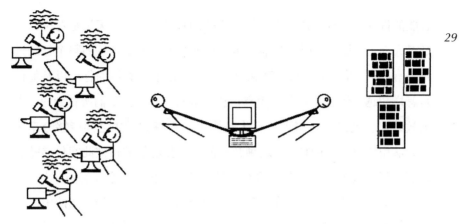

29

图1.1 "智能计算机"是基于文本还是实践？

（2）*形式主义观点：掌握某个领域的语言就像是获得命题性知识*——通过阅读和指南掌握形式化的规则和事实。

我们认为第二种观点——"形式主义"——已经覆灭了。理论分析已经证明了其错误，并且长期的智能计算机实验也已经证明了这一点。该实验证明，某个领域的语言，比如说话，并不是由命题性知识组成的。问题是，对于大多数的非形式主义者来说，任何宣称可以不通过沉浸在生活形式的实践中来掌握语言的观点都相当于是承认了形式主义的正确性，因为上段引文中只提到了二种分类方法，即形式化的和非形式化的。它没有考虑到缺乏身体实践但却沉浸在某一个领域的特殊情况。*互动型专长就处于这两种观点之间。*

图1.1用一幅漫画书说明这一点。图左边是一群从事实践活动和沉浸在语言的生活形式中的人。在图右边，我们用命题形式——书、期刊文章等描述了他们的活动。在中间我们设置了一台计算机，认为智能能够被说明的"形式主义者"（formalists）在左边，认为智能永远不能够被命题或符号表征的"非形式主义者"（informalists）在右边，双方正在 *30* 拉锯。这场拉锯战说明了关注这个问题的双方都只关注了问题的某一个方面，而没有考虑到熟练的技能和书本之间的距离。比如说，在对人工

智能的批评中，有一种观点是针对教练的行动的，认为无论是对机器还是对人而言，都无法用语言描述运动员或其他学习者训练的整个行动过程。①这样，互动型专长的理念就能够很好地解释教练的行动以及他们是怎样超越了语言与实践的距离，获得成功的。正如我们所看到的，人类教练可以通过语言来训练学生是因为在教练和学生之间能够分享某些无法用语言明述的技能：这种共享的语言技能能够在彼此间传递默会理解，但是低于互动型专长的专长类型是不能传递默会理解的。②

因此，互动型专长存在于实践活动与书籍、计算机等之间的中间地带。然而，与形式主义的观点相比，互动型专长更接近于非形式主义。互动型专长不是命题（propositions）级。互动型专长是对某个领域的语言的掌握，对于掌握语言来说，不管是自发的还是经过训练的，都需要在某个语言共同体中涉文化。互动型专长不能用命题的形式来表达。无论是现在还是将来，计算机都无法通过置身于一个语言共同体来实现涉文化，然后实现图右边所画的场景。另外，互动型专长也不属于非形式主义观点——完全沉浸在一种生活形式中。互动型专长的理念意味着在缺少完全置身于生活形式的情况下，通过某个领域的语言交流而掌握流利的专业语言。说得再尖锐点，我们做了一个"大胆的假设"：可检验的"强互动型假设"（strong interactional hypothesis）。强互动型假设是说，原则上，某领域中的互动型专家在语言的流利程度上与真正的可贡献型专家没有区别。如图1.2所示。

31

---

① 对教练的讨论，参见 H. L. Dreyfus（1972），H. L. Dreyfus 和 S. E. Dreyfus（1986），和 Collins（1990）。

② 教练还常会传授一些无关紧要的规则，比如"挥杆时多哼《蓝色多瑙河》"，还有"技能的二阶测量"（second order measures of skill）。所谓"技能的二阶测量"是说："假设你是一名外科医生，打算解剖一只雪貂，但无法在第一时间找到它的子宫，那就再试一次，但总次数不要超过6次。"这些具体的规则并不包括技能，却为人们掌握技能提供了有益的指导。同样，我们知道了 a，人类能够骑自行车；b，可能需要几个小时来学习；c，人类能够学会弹钢琴；d，可能需要至少一年去学习；e，人是学不会飞的。Collins（1990）的第6章讨论了次要规则；Pinch、Collins 和 Carbone（1996）讨论了二阶测量。

图 1.2　有互动型专长的社会学家

在图 1.2 中，除了计算机外，互动型性专长占据了中间偏左的位置。图中拥有互动型专长的专家没有那些挥舞着铁锤的可贡献型专长的专家才有的铁砧，他们只能够谈论所谓的生活形式，并不能实际操作。在挥舞着铁锤的人间这个微笑站立的人是社会学家，他掌握了互动型专长却没法用铁锤和铁砧。从图中我们可以看出，微笑站立的有互动型专长但没有可贡献型专长的专家在语言上与那些挥舞着铁锤的人是别无二致的。这就是所谓的强互动型假设。

1.6.2　互动型专长的源起

"互动型专长"这个理念用途广泛。除了社会学家、人种学家、社会人类学家和专业记者们都需要掌握互动型专长外，销售员和经理也需要它；它是资助机构的专家和期刊编辑评价某一专业领域的贡献的媒介；它还是大型科学项目间互动的媒介，再强调一遍，并不是所有人都能成为他人研究领域的贡献者；更准确地说，它是*跨学科*而不是多学科研究的*媒介*；还有，它是判定网络中虚拟身份的基础；[①]最后，在有活

32

---

① 但所有的"贡献"都是"有标记"的——被骗的人（Maurer，1940）。在模仿游戏中（见下文）法官的任务就是要区分那些真的专家和那些只在语言上具备了专家能力的专家；法官对于是哪种贡献不做区分。

动家或相关人士参与的情况下，它能够成为科学家和公众交流的媒介。

尽管其涉及范围很广，但互动型专长这个理念的提出得益于我们的社会学田野调查的经验，我们也就按此方式来介绍它。一般说来，社会学家要想了解对他们而言是全新的科学知识领域的话，就要先了解这个领域的科学。一开始，社会学家是没有专家的专长的——显然，这对于做科学知识的社会学分析来说是不够的。社会学家能够迅速地掌握公众理解以及主渠道知识，但这对于科学知识的社会学分析来说是不充分的。幸运的是，我们最终得益于获得了互动型专长从而对科学知识进行了社会学分析。①

掌握互动型专长最重要的是需要与专家交流。互动型专长的逐步获得伴随着对科学（或其他技术技能）讨论的逐步深入。互动型专长并不总能获得——有时科学超出了分析者的能力，如本书的作者之一的柯林斯在研究非晶半导体理论时碰到的情况。在完成了大约13个小时的对科学家的录音采访后，他不得不承认，他对此项科学的理解还不够，无法理解科学家的世界，因此没有取得任何关于社会学研究上的进展。于是他不得不放弃。失败的主要原因在于每一次受访者在接受采访时都要花很长时间来解释其所从事的科学工作，其他受访者的情况也类似。后来，几乎所有的受访者对于不断重复进行的解释都感到厌倦了，导致访谈没有进一步深入下去。

随着对科学的理解的逐步加深，获得互动型专长的过程经过了"访问"（interview）到"讨论"（discussion）再到"交流"（conversation）的过程。获得互动型专长，没有那种"啊哈"时刻（aha moment）②，但你能够感觉到它在一点点增长。总之，有了互动型专长，相互间的技术讨论是正常的和轻松的，双方都不会感到无聊。随着时间的推移，在

① 在极少数的情况下，社会学家能达到可贡献型专长的水准。只有通过实践才能获得可贡献型专长，但是，如果社会学家没有在专业机构中接受过系统的培训，没有资格证书，就很难做到这一点。然而，这也不是说完全不可能，在要求不高的科学中，比如在柯林斯对超心理学实验的调查中，他就参与了实验的设计和实施（Pamplin and Collins，1975）。此外，在科学与社会学的距离并不是很遥远的领域，如人工智能中，也能够获得可贡献型专长。柯林斯认为他的关于人工智能研究的书（Collins，1990；Collins and Kusch，1998）在做社会学分析的同时也为科学做出了贡献（是否真的有贡献又是另一回事。）。

② "啊哈"时刻即灵机一动的时刻。——译者注

面对社会学家的技术提问时，受访者会停歇一下，然后说"这个问题我还没有想过"。当这个阶段到来时，受访者会乐于谈论他们的科学实践，甚至会认真思考琢磨批评的意见。最终，受访者会对调查者的领域感兴趣，因为他或她能够向受访者传递其他一些科学家的观点和活动。刚采访过科学家 X 的社会学家可以向科学家 Y 吐露一些关于 X 正在做的事情或者 X 正在思考的一些问题。有时，调查者也会向受访的科学家介绍一些新科学。[①]在有些偶尔的情况下，调查者对于其他不同的科学立场的解读会比科学家本身更地道，这是因为调查者已经充分地掌握了不同类型的科学解释，反而科学家会发现有时因为他们的关注点和利益不同，导致他们和学术竞争对手沟通起来反而很困难。到此，就完成了从"访问"到"交流"的过程，但这种交流和调查者与社会科学家同事之间的交流不同，也不同于科学家之间的交流。（对于社会学家来说，聆听科学家之间的对话并不是要旁观，而是要参与。）对于这类社会学家和科学家的交流而言，在某一技术点上，双方都会对对方的意思非常清楚，不需要太多解释。或者是，想到对方就会想到一个词。到达这种程度，双方可以互开玩笑，受访者不会在接受访谈时再给出一个已经准备好了的适用于标准科学的"人为的"或程式化的答案了。大多数情况下，受访者会像和同事，而非局外人交谈一样与调查者交谈，因为他们知道所谓的标准答案是行不通的。然而，在调查者与受访者不是很熟悉的情况下，如果受访者给出的是一个"很官方"的回答的话，那么，调查者也有能力对受访者的答案进行甄别，不会完全相信他的答案，并且会做进一步的印记；调查者的技术评论会对整个访谈的基调产生影响。随着事情的发展，在某些科学争论中，当科学家之间的意见相左时，调查者能充当"魔鬼代言人"（devil's advocate）的角色，甚至还能举出反例。

在没有互动型专长的情况下，如本书作者柯林斯之前调查非晶半导体理论的经验一样，这种交流很难激起双方的兴趣，调查者无法传递信

34

---

① 比如，2005 年 5 月，柯林斯在一次研讨会上向物理学家解释了探测引力波实验中的一项技术难题"克里斯托多罗效应"（Christodoulou effect）。此前，这些物理学家竟然都没有听说过。

35　息，从而无法充当"魔鬼代言人"的角色，甚至无法区分"人为的"回答和真实的交流之间的差别，当然也不会互开玩笑，而是严肃地回答问题。更糟糕的是，在某些充满争论的领域中（如当时的非晶半导体理论领域），调查者甚至搞不清楚分歧点在哪里，分歧有多大或者到底是谁不同意谁！在这种情况下，对比是很明显的——没有专长和有好的互动的专长——是非常明显的，至少对有经验的田野调查者来说是如此。

即便获得了好的互动型专长——在科学家传递科学信息的过程中发挥着有益的次要作用，或有时可以向一方解释另一方的科学立场——调查者也不能做科学实验，那需要可贡献型专长。即便是对那些拥有了最高级别的互动型专长，能够理解科学并参与科学讨论的调查者来说，他们仍然不能做科学实验。

1.6.3　互动型专长的寄生性特征

可以肯定的是，互动型专长和可贡献型专长的区别在于可贡献型专长是自持的（self-sustaining），而互动型专长不是。也就是说，可贡献型专长——比如探测引力波的物理学——可以通过学徒制和社会化代代相传，即有可贡献型专长的人可以将它传授给没有可贡献型专长的人。但是互动型专长可能不行。在实践中，依附于*其他专长*的互动型专长，是否能从一个人传递到另一个人或从一代传递到另一代尚不清楚（在缺少可贡献型专长的情况下）。在专业领域中，可以通过与拥有可贡献型专长，而非拥有互动型专长的人互动的方式获得互动型专长。有人认为，在缺少可贡献型专长的情况下来传递互动型专长的话，经过多次传递后，信息就会发生扭曲。关键问题是，互动型专长是一种能讲专家语言的技能，而语言的产生需要依靠环境，包括物理的和社会的环境。环境改变了（例如去除语言发展所需的身体活动），语言就会改变。但这并不意味着沉浸于语言共同体的个体不经过身体力行就不能学习语言，对此问题我们将在第 3 章中加以讨论。

1.7　专家的专长的关系

36

我们已经讨论了专长的五个层次。从啤酒杯垫知识开始，然后是公众理解和主渠道知识，这些都是普遍的专长。然后，开始向涵盖了专家的默会知识的专长过渡，先有了第一种互动型专长，然后是第二种可贡献型专长。

这样，五个层次之间就有了传递关系。如果你拥有了高阶层的专长，那么，原则上说，你就已经拥有了低阶层的专长，但*反过来不行*。然而，这种传递也有例外。首先，正如我们将在下节讨论的，可贡献型专家的互动型专长可能是"潜在的"（latent），而非"实在的"（realized）。其次，可贡献型专家可能只是阅读过某些二手文献，而对那些所谓一手的主渠道知识缺乏了解。所谓专家的知识，并不是要对记载知识的文献滚瓜烂熟，而是要对其所有涉及的文献，通常是二手的，以及其他专家的观点非常熟悉。再次，同理，掌握了一般知识的专家可能会比某个领域的专家拥有更多的啤酒杯垫知识。

专家的专长的转移与其所属的群体的分层有关。当我们关注的焦点从没有专长到有了啤酒杯垫知识、公众理解、主渠道知识、互动型专长直至可贡献型专长时，我们会发现我们所面对的群体人数越来越少，同时他们的专长也变得越来越神秘。公众理解的形成仅限于那些阅读科学书籍以及期刊和报纸上的文章的人。受制于对健康、所处环境、政治倾向方面的要求，掌握主渠道知识的人也很有限——这些要求制约了他们混迹于对科学有着更深理解的学术圈中。[①]有互动型专长的人更少，因 *37* 为获得互动型专长要跨越群体的社会界限，并需要花很长时间去适应陌

---

① 在许多文献中都能看到公民活动家受动机和利益驱使的案例。参见 Irwin 和 Wynne（1996），同见对重复性劳损患者（repetitive strain injury patients）的研究（Arksey，1998）以及对艾滋病运动者（Epstein，1995，1996）和核抗议者（Welsh，2000）的研究。

生的社会环境。最后，在技术水平比较高的科学当中，拥有可贡献型专长的人也不过是几十到几百人。（需要注意的是，所有有可贡献型专长的人都有互动型专长——而只有互动型专长却没有可贡献型专长的人是很少的。）

1.8　互动型专长与互动和反思能力

互动型专长与社会学家、记者、艺术评论家、建筑师的能力不同。虽然这些职业也要求他们有与他人互动的能力，能够畅谈他们的研究领域或他们判断的经验，他们对他们所从事的工作以及做出的判断进行过反思，甚至可以把一个专业领域的专长用其他语言表达出来。但这些能力的养成并不要求他们与某一领域有可贡献型专长的人互动，这就引出了一个关于可贡献型专长与互动型专长的转移关系的问题。我们认为，当某人拥有了某领域的可贡献型专长的时候，那么他就有了互动型专长；如果某人的互动和反思能力不充分的话，应该是他在获得专长的过程中与他者的互动不充分的缘故。也就是说抛开其他能力不谈，可贡献型专家的互动型专长可能是潜在的而非显现的。我们的意思是说，要获得这种潜在的专长需要沉浸在某个领域而并不是靠学习习得的。我们必须意识到，这种潜在的专长是能够进行语言交流、思考和转译等的能力，并不是建造激光器或从事探测引力波物理学或开车的能力。但是，潜在的互动型专长和没有互动型专长是有区别的：至少在原则上，通过反复检验，是可以验证一个表述不清以及反思不充分的可贡献型专家的互动型专长的——通过采访验证这个人在这个领域学到了什么（这就是社会学家和记者在面对表述不清、反应迟缓的受访者时的做法）。相反，不论再怎样深度交流，也不会从那些既没有可贡献型专长也没有互动型专长的人身上获得什么有用的信息。①

38

---

① 上述我们对"潜在"一词的解释是对埃文·塞林格（Evan Selinger）的回应，他认为没有所谓的潜在的专长（私下交流）；所谓的潜在的专长就是没有专长。卡罗兰（Carolan, 2006）也对农业技能中的互动型专长进行了分析。

在由潜在的互动型专长向互动型专长过渡的过程当中涉及"互动能力"（interactive ability）和"反思能力"（reflective ability）（见表 1.1 "素质"下面的两行）。

1.8.1　互动能力

再重申一遍，拥有可贡献型专长必然拥有潜在的互动型专长。要获得互动型专长首先要有互动能力。

许多杰出的艺术家都缺少高水平的可贡献型专长所附带的互动型专长，因为他们的作品"自己会说话"（speak for itself）。有人会说"如果那幅作品用文字表达出来就没意思了"。因此他们拒绝谈论自己的作品，也很难用语言表达清楚他们的思想。

另外，对艺术评论家、记者、销售代表、电视或广播主持人以及解释社会学家而言，他们的技能就是在与他人互动的过程中获得的。没有这些技能，工作就无法进行。对他们而言，*互动能力*就是他们专业领域的*可贡献型专长*的一部分（尽管在其他领域中这显然就是一种互动型专长）。

互动型专长与互动能力的区别在于后者不同于互动型专长，不是寄生的——它是可以传递的。互动能力，我们将其称为是一种"素质"，就好像善良、爱或观察能力，而不是专业技能。比如说，父母的"口才"可能会遗传给他们的孩子。关键在于互动技能是一种普遍的能力，而不是针对*某一特殊领域*的专长。因为互动型专长是*针对某方面的专长*，所以如果中断与"某物"持续的交流的话，这种专长就很难延续下去。再强调一遍，如果不与那些正在做某事的人——可贡献型专家持续交流的话，互动型专长就会消失。定义和决定互动型专家该要掌握哪些语言的是可贡献型专家而不是互动型专家。

1.8.2　反思能力

另一种普遍存在的技能，就是素质中涉及的反思能力。它确实是一种比互动能力更专业的能力，因为它得益于通过社会学和哲学以及其他学科训练而形成的自我意识。与互动能力一样，反思能力对构建互动型专长也是有所助益的。特别是在讨论深奥的专业问题时，在调查者和专业科学家之间是有区别的。有些科学家并不认为自己缺少反思精神就怎么样，他们认为"科学哲学对于科学家所起的作用就像鸟类学对鸟的作用一样"①。这没错，但是这个命题还有个推论：学习飞行（科学），不用向鸟（科学家）请教。反思能力和互动能力一样，可以*独立存在*并代代相传。反思能力不是*某方面*的反思能力，它就是反思能力。反思能力是科学的社会调查者、艺术评论家等的可贡献型专长的一部分。

我们可以用图的形式把它们之间的关系表示出来。图 1.3 的圆表示了可贡献型专长、互动型专长概念与人际互动和反思能力之间的关系（画得较为简单）。正如我们所说，可贡献型专长和互动型专长是可传递的，因此图中 1 和 5 的位置是没有人的：那些拥有可贡献型专长的人也拥有互动型专长，即使是潜在的（图中 4 的位置）或实在的（图中 7 的位置）。实际上，有互动型专长而没有可贡献型专长的人就是那些在专业领域中拥有互动能力的人，因此他们处于 6 而不是 2 的位置。因此，如果从逻辑上来看 1 和 5 的位置是空着的话，那么从经验上来看 2 的位置也应该是空着的。图中 7 的位置代表的是那些和科学家与技术专家一样，拥有技术上的胜任能力的社会调查者。占据图中 3 的位置的是科学哲学家和科学社会学家（不是科学知识社会学家），在他们的工作中不需要互动型专长。在实践当中，这个群体所拥有的更多的是反思能力而不是互动能力。

40

---

① 通常归功于理查德·费曼（Richard Feynman）。

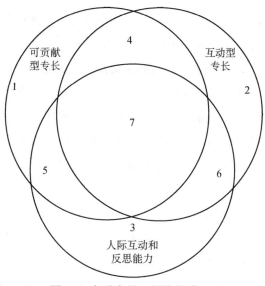

图 1.3　各种专长之间的关系

1.9　获得专长：五种面对面的知识转移形式

如何获得我们所列的模型中的专长？以建造一种新型科学仪器的工作模式为例。我们提出以下问题：假设来自 B 实验室的科学家 B 想要学习制造一种重的、不可移动的 A 物质，到目前为止，只有 A 实验室的科学家成功地制造出来了。从以往的研究中我们获悉，除非"从零开始"，否则对科学家 B 而言正确的做法就是去访问 A 实验室，就 A 物质的制造与 A 团队进行交流。或者，A 实验室的团队也可以来 B 实验室访问一段时间。然后我们要问一下科学家 B 在访问中都学到了什么。①经验证，与知识转移相关的五个问题可以通过来自不同实验室的科学家的交流得以解决。

（1）隐藏的知识（ *concealed knowledge* ）：A 并不想把"诀

41

---

①　这些讨论的问题最初见于 Collins（1974）［或参见 Collins（1992）］和 Collins（2001a）［或参见 Collins（2004a：第 35 章）］。

窍"告诉别人，期刊也不会把所有的细节都披露出来。通过实验访问可以了解这些细节，但仅限于 B 对 A 的访问。

（2）不匹配的特性（*mismatched salience*）：对于一个全新的、困难的实验来说，它涉及很多变量，两个团队关注的焦点可能不同。因此，A 不知道应该告诉 B 什么，而 B 也不知道要问 A 什么问题。只有当 B 亲眼看到了 A 是如何工作的之后，这个问题才能得到解决，因此要重申的是，一定是 B 去访问 A。

（3）实指知识（*ostensive knowledge*）：是只能通过指导、演示或感觉到的，却不能用文字、图表或照片传达的信息。可以通过 B 访问 A 实验室获得。

（4）尚未被识别的知识（*unrecognized knowledge*）：A 完成了实验，但却没有意识到哪些方面是重要的，B 在访问中也有类似情况，他们双方都没有意识到在此过程中有些重要的东西已经被传递了。随着对科学领域的理解的加深，有些未被认识的知识将会逐渐被认识和解释，但这并不是必需的。[①]再重申一次，只有从 B 到 A 的访问才是最佳的。

（5）无法被认识的知识（*uncognized/uncognizable knowledge*）：人们经常会很自然地做一些事情，比如用母语说话。同样，这种能力也是实验所需要的。这只有通过学徒和无意识的方式才能传递。当这种能力被传递之后，可能双方都不知道该怎样去描述这个传递过程；他们也不会注意是不是有东西传递了。从实践层面看，还是得强调 B 要去访问 A。[②]

隐藏的知识涉及谎言与秘密，而非知识的转移，所以这不是讨论的重点。关于其他四个问题，我们从可贡献型专长的转移谈起。如果转移的是互动型专长的话会出现什么情况？A 团队到 B 实验室去访问的结果

42

---

① 关于意大利的小提琴的讨论，参见 Gough（2000）。
② 第一次谈到这些问题，参见 Collins（2001b）。

是否和 B 去 A 所在的实验室访问的效果一样？如果交流的对象包括了机器的话，那么掌握语言有多重要？第 3 章我们会回到对上述问题讨论上，但现在可能我们已经有答案了。关键问题是，在实验中 A 不知道什么是最重要的，B 也不知道（2）；A 也不知道该说明什么（3）；并且 A 没有认识到；A 也没有办法用*语言*说清楚（5）。因此，如果 B 只是要掌握 A 的语言，他不需要理解语言中的等价物（counterpart）。乍一看，A 团队访问 B 实验室与 B 团队访问 A 实验室在获得互动型专长的效果上应当是一致的。①但这只是所谓的"第一印象"，因为有可能访问 B 实验室并不是一个传递互动型专长的好的方法——这就好像我们跟着一个来拜访我们的法国人学法语一样，真正需要的是扩展从 A 实验室到 B 实验室的访问。②

如果真是这样，那么原则上讲，获得互动型专长所需的知识是很少的，也不需要什么设备辅助，只是得到的互动型专长是很有限的。但是有意思的是，并且不同寻常之处在于，互动型专长对于科学和技术来说是十分重要的。我们回想一下，根据强互动型假设，假设某些问题是有互动型专长的人解释不清楚，而有可贡献型专长的人也同样解释不清楚的话，那么在语言交流方面互动型专长与可贡献型专长的地位应当是相当的。

但是遗憾的是，在科学知识的转移问题的研究中，上述问题并没有得到检验。例如，早期在研究建造激光器的能力的转移问题时，并没有人注意到一个科学家在另一个科学家的实验室所学到的东西，有多少是通过语言获得的、有多少是通过观察和行动获得的。③这种情况的发生可能会牵扯到很多令人困扰的因素，但这些恰恰就是实验研究应当关注的论题。

作者 1990 年的文章也忽视了这个问题。当时柯林斯采访一个自称是本地人但实际上从没有到过这个地方——谢米巴拉金斯克

43

---

① 尽管这只是"第一印象"，但它却是真的。在实践中，能够使用设备使对话更容易，即使这对于互动型专长来说是个挑战。这些问题我们在第 3 章中还会再讨论，在没有办法使用设备的情况下，要付出更多的努力才能获得互动型专长。

② 我们非常感谢一位匿名审稿人为我们指出了这一点。

③ 这项研究见于 Collins（1974）[或参见 Collins（1992）]。

（Semipalatinsk）——的人时，就是因为他和谢米巴拉金斯克当地人交流而暴露的。这个人说，对于一个从未到过谢米巴拉金斯克的人来说，了解谢米巴拉金斯克的方式有两种：从书本、照片等中学习，以及通过与当地移居国外的人的交流来学习。相比之下，这个人说当地人也是基于对当地的物理实在的经验和沉浸在语言文化当中来学习的。柯林斯认为，如果询问者是当地人的话，这个人是不会通过"图灵测试"的，因为当地人所拥有的上述两种经验是这个人所不具备的。

现在我们可以看到，柯林斯当时没有考虑到如果让这个人和来自谢米巴拉金斯克的移民进行一段时间的语言交流之后，他就有可能通过测试，比方说让他和侨居在外的谢米巴拉金斯克人待上一年时间。通过互动型专长就能掌握这个群体在发音或说话方面的能力。在这个关于知识转移的问题上，是否有生活在小镇的经验并不是最重要的，因为与侨民交流和真正生活在小镇上所达到的效果是一样的。这样，这个人就能掌握和侨居在外的谢米巴拉金斯克人一样的互动型专长。辨别这个人的过程很像模仿游戏（如下），它是针对互动型专长，而非可贡献型专长的一种测试。

柯林斯和库施（Kusch）在 1998 年出版的书里谈得更深入（尽管当时也没有意识到这一点）。当时他们讨论了西哈诺（Cyrano）在埃德蒙·罗斯坦德（Edmund Rostand）的戏剧《大鼻子情圣》（*Cyrano de Bergerac*）中所扮演的角色。剧中，西哈诺同意代另一个追求者写情书。他们写道：

44

> ……假设西哈诺不知道什么是爱，但是他却写了情书，是否可以说他有写情书的技能？我们可以设想，他读过关于爱的文学和诗歌，也生活在那些知道什么是爱的社会群体中。换句话说，即便西哈诺从未感受过爱情，但他懂得什么是爱和情书。

我们可以把这看成是一个在缺少了关于爱情的可贡献型专长的情况下，某人获得了关于爱情的互动型专长并体现出来的一个范例（还将在第 3 章中继续讨论）。

第2章 专长的元素周期表2：
元专长和元标准

现在我们来看专长的元素周期表的下半部分。元专长是用来判断其他专长的专长，其包括两种：一种是*外部元专长*（external meta-expertise），它不涉及专长的获取；另一种是*内部元专长*（internal meta-expertise），它会对专长的获得给予评价（表2.1）。

2.1 外部评价：普遍的判定

在定义评价专家和专长的类型之前，我们要注意的是有些评价标准的界限已经延伸到了公共领域。就如有普遍的专长一样，我们认为也存在普遍的元专长，我们将它称为"普遍的判定"（ubiquitous discrimination）。在这种情况下，因为有"普遍的专长"，就不存在所谓的广延性问题。普遍的判定和普遍的专长一样，是需要通过我们的社会生活来获得的。

比如有些不懂得科学知识的人也能够凭借他们的*社会理解*做出*技术判断*。他们的判定主要是基于发表科学声明的作者的科学素养以及（或）他在科学家群体中的地位以及（或）他是否拥有政治和经济的话语权。

普遍的判定是人人都有的，因为我们都能说话，而且它就好像是我们对我们的朋友、邻居、亲戚、政治家、推销员或者熟人、陌生人都会有一个判定，我们只是把这种判定放在了西方的科学和科学家群体身上而已。比如说社会中的许多成员都能分清什么是科学、什么不是科学。这就是一种当我们把占星术等信念从科学的技术决策名单上剔除出去而形成的普遍的判定。因为我们社会中的许多人都对占星学家不符合我们对科学家的社会和认知标准有充分的社会认知。[①]

表 2.1 专长的元素周期表的下半部分

元专长	外部 （转化型专长）		内部 （非转化型专长）		
	普遍的判定	局域判定	技术鉴赏力	向下判定	牵涉型专长
元标准	证书		经验	从业记录	

46

与此有关的另一个例论是关于月球登陆的争论。有人认为"登月"事件是美国人伪造的，是在美国西部的沙漠中录的。[②]有人曾经指出了录像中的各种反常现象，如阴影、旗子的飘扬方式等。从技术上讲，我们其实没有办法判断这些影像是不是真实的，按照当时的电影技术，像这样的造假完全是可能的。我们发现，即便是对技术专长水平更高的人来说，他们也很难分清真假。比如说，有一些美国宇航员和技术专家就对1965 年苏联的"太空行走"（space walk）（EVA）[③]的录像的真实性提出过质疑。宇航员大卫·斯科特（David Scott）当时在谈到他的想法时说（Scott and Leonov，2004：124）：

> 我当时在房间里走来走去。"如果 EVA 是真的，那么他们不仅领先，而且遥遥领先。但是，有什么证据能证明这家伙真的出去了？"

---

① 那些相信报纸上说占星术是科学的人的社会判定是有问题的。他们犯了一个社会性的错误——他们不知道在哪可以找到关于恒星和行星对我们的生活产生影响的可信赖的专长。在第5章中，我们将根据维特根斯坦的"家族相似性"（family resemblance）理论来讨论哪些是边缘科学，哪些是西方科学。
② 苏珊·卡特（Susan Carter）向我们披露了登月的细节。
③ 舱外活动（extra-vehicular activity，EVA）。——译者注

　　阿列克谢·列昂诺夫（Alexei Leonov）第一次在太空飘　　　　*47*
浮的照片就曾经引起过西方的质疑。有人认为照片是伪造的。
他们不愿接受苏联又抢了一个第一的结果。

　　如果我们可以对苏联宇航员的"太空行走"的真实性质疑的话，那
么我们有什么理由阻止人们质疑登月的真实性。

　　能消解我们的质疑的是普遍的判定，它是一种社会判定。千千万万
个参与过登月计划的人都有可能被组织起来不停地、始终如一地撒谎，
这已经超出了社会信任的范围，甚至已经超出了普通人的社会信任的范
围；我们知道，当时正处于冷战当中，如果真的能够证明这件事是假的
的话，那么苏联应该会有所行动——但是他们没有。即使我们没有办法
用技术判定对这一事件进行判定，但我们可以从普遍的社会判定的层面
相信登月确有其事。

　　要知道如何在一个更复杂的环境中进行判定，我们可以参考冷凝实
验。对于大多数西方人来说，可能对产生于 20 世纪后半叶的冷凝实验
所知并不多，仅有的一点认识大多是来自报纸上的报道，"知道"经过
多次努力冷凝实验仍未取得实验结果。尽管在当时，冷凝实验被看作科
学的，但是现在，对它的认知已经不符合现有的合法的科学社会网络了。
这种知识与科学胜任能力（scientific competence）无关。相反，要做出
适合的社会判断就要忽略科学证据，甚至是成功的记录。作为冷凝实验
的开创者，马丁·弗莱兹曼（Martin Fleischman）在科学上有许多成功
记录，是具备资格的，因此被授予英国皇家学会会员，且他在冷凝实验
方面既有互动型专长，也有可贡献型专长，但对他的判断仍然是与科学
共识相悖的。在西方社会中，人们是通过媒体听说冷凝实验的（公众理
解）。可见他们的共识来源于"该相信*谁*"的*社会判断*（social judgments），
而不是"该相信*什么*"的*科学判断*，至少就目前来看是这样的。期望公　　*48*
民接受充分的科学教育，这样在面对类似冷凝实验的科学争论时就能做出
准确的科学判断，这是老的英国皇家学会公众理解委员会不可能实现的目
标。（然而，由于"距离产生美"，没有多少人能实现这个目标——有些

读过一两本科学书的普通公众就认为他们对冷凝实验的了解甚至比拥有实际经验的英国皇家学会会员还要深入。）①最重要的判断是"知道"主流的科学家共同体已经*基于某种实践目的*达成了某种共识，不可否认的是，还是会有一些经验丰富的科学家表示反对，他们对科学的了解超过决策者。值得注意的是，这不是我们期望看到的那种判断，即使来自"另外一个星球"的合格的科学家也能做出这种判断。仅通过阅读关于支持或反对冷凝实验的文献是很难使来自另外一个星球的科学家做出正确的判断的；相比之下，即便缺少科学背景，生活在这个星球上的对科学不甚了解的居民却能够做出一个相对容易的判断。②

2.2　外部评价：局域判定

　　在更专业的群体中，还有一种不同的判定方式。对此，我们要介绍的是一个影响力更加广泛的专长研究范例——布莱恩·韦恩（Brian Wynne）对 1986 年切尔诺贝利核泄漏事故发生之后的坎布里亚人的生活状态的描述。韦恩的研究存在着积极的和消极的两方面影响。他确立了这样一种观点，即并不是说只有那些获得资格认证的群体才能拥有技术专长，但他也引发了这样一个问题，即什么样的外行有资格被看作专家。韦恩研究了在牧场受到核污染后，英国农业、食品和渔业部（UK Ministry of Agriculture Food and Fisheries，MAFF）的科学家和坎布里亚牧羊人之间的互动（Wynne，1989，1996a，1996b）。韦恩强调尽管缺少牧羊的生态学方面的知识，但是科学家不应当忽视牧羊人的专长——牧羊人有"外行专长"（lay expertise）。尽管牧羊人的专长卓有见地，但"外行专长"这个概念本身还是有问题的，因为它容易引起歧义。比如说，这个概念经常被理解成外行人所拥有的专长。把

①　这就是公众理解科学的"缺陷模型"（deficit model）所暴露出来的问题。
②　与此类似的关于引力波是否存在的争论参见 Collins（1999）。

韦恩所说的这种人称为缺少资格认证的专家可能更好一些。比如说牧羊人，他们不是外行；他们是养羊的专家，只是他们缺少资格证书。牧羊人有可贡献型专长。他们的专长也是很专业的，与在受到核污染的土地上牧羊的生态学高度相关，只是他们不被看作官方认可的科学家而已。①牧羊人群体作为可贡献型专家，对牧羊人的专长的讨论参见第 1 章。

　　除了可贡献型专长，韦恩还发现了牧羊人身上有一种"局域判定"（local discrimination）能力，这是本章所讨论的主题。第二次世界大战后不久，在坎布里亚山上修建了温德斯格尔-塞拉菲尔德（Windscale-Sellafield）核电站，那里的农民对于如何辨别关于核辐射的声明很有经验，他们知道那些所谓的官方的关于核辐射的声明不能当真。对于一个对那个地方的社会和地理环境以及对关于核辐射的声明缺乏辨别力的外人来说，是没有办法辨别有关声明的有效性的。但牧羊人可以对核工业发言人的声明不以为然，这是基于他们的局域性经验而不是来自社会和政治教育所形成的辨别力。因此，局域判定是需要甄别的，有时与可贡献型专长无关。比如，对于那些长期居住在温德斯格尔（Windscale）的居民来说，他们对牧羊一无所知，因此他们肯定会相信地方核工业代表所作出的保证。

　　韦恩的研究在强化了这些问题的重要性的同时，也混淆了*局域的和普遍的判定*。韦恩描述了放射性材料行业的学徒经验。他说，学徒们认为鉴于己掌握的放射性科学，没有必要担心自己的安全，因为他们是"直觉上胜任的社会学家"（intuitively competent sociologists），"警觉的和积极的求知者……能够用他们所掌握的关于社会关系和制度的默会的和直觉性的知识来判断自己的处境"（Wynne，1992：39）。韦恩认为学徒们是基于他们的社会理解来决定是否相信雇主的。在后面的文章中，在谈到这个群体时，他说这些学徒"对技术的忽视源于社会认知"（Wynne，

50

---

① 至少本书作者是这样认为的。

1993：328）。

在理解韦恩关于学徒关系的讨论时有两种方式。一方面，可以把它看作一种*局域判定*。在这种情况下，学徒关系可以被看作用局域性的胜任能力来理解雇主的可信度，用其所在的特殊的工作场的社会网络中的可信度来评估程序的安全性。另一方面，在决定是否要信任机制时，学徒和我们的判断力其实是差不多的。比如当我们把钱存入银行时，我们并不需要去特别理解经济学，因为我们都是"直觉上胜任的社会学家"，"积极的求知者……能够用［我们］所掌握的关于社会关系和制度的默会的和直觉性的知识来判断自己的处境"。这样的说法似乎不太接地气，过于浪漫。我们可以说我们是用我们的社会理解作为是否相信银行家的基础，我们对于经济学的忽略是在社会智慧（social intelligence）的驱动下产生的吗？是的，但它是一种被动的知识——和我们学习语言的方式是一样的。这种"知识"是所有社会信任的基础。它会因社会的不同而不同，但偶尔也有意外（如银行发生"挤兑"）。然而，它是一种普遍的专长，因此无法从根本上解决局域的和技术性的问题。需要明确的一点是判定是"深奥的"，它只能是局域判定而不是普遍的判定。对学徒而言，如果他们的判定是普遍的，那么再多的"糖衣炮弹"也不会让他们忽视对自身安全的判断；如果他们的判定是局域判定——他们必须基于长期经验形成该相信谁、不该相信谁的判断——那就另当别论了。①

51   外部判定的问题

局域判定和普遍的判定一样，是一种对专家的专长以外的因素进行判定的元专长，因为它所要理解的是*专家*而不是*专长*。正如本章开头所述，它是通过非技术手段来解决技术问题的一种方法。一般来说，这并

---

① 探测引力波的科学家说，他们是用下列标准来判断其他科学家的实验的：基于以前的合作伙伴关系对科学家的实验能力和诚信度的判定、实验者的性格和智商、运营一个实验室的能力、科学家是否在行业和学术界工作过、以前的失败史、"内部消息"、展示结果的风格、实验的心理学进路、所属院校的规模和声望、是否能很好地融入科学网络、国籍。
第一、第二、第六、第八和第十项属于局域判定，其他项则属于普遍的判定。

不可靠，因为某些表象和行为具有迷惑性。并且我们经常会被表象所迷惑，被"穿白大褂的科学家"所迷惑，多年来，他们几乎在所有领域中都被奉为权威。可以说，我们对科学家的根深蒂固的印象会造成我们对逻辑思维能力和实验能力的误判。比如说公众对 MMR 疫苗 ① 争论（见第 5 章）的误解就是由对安德鲁·韦克菲尔德（Andrew Wakefield）——一位非常年轻、英俊、善良，看起来很有爱心的医生——的错误印象造成的。再有，著名的"福克斯博士演讲"事件警醒我们，不能凭印象做决策。福克斯博士受邀在大学里做了一场报告。报告内容涉及很强的专业性技术背景。当演讲结束之后，在收集反馈意见时大部分人都对这场演讲表示满意（Naftulin，Ware，and Donnelly，1973）。当然，也有反例：在关于转基因生物的安全性的争论中，有位疯狂的科学家创造了被英国报纸的头条称作是"弗兰肯斯坦食品"（Frankenstein foods）②的食物。然而，基于行为和社会地位进行判断，在科学中是很普遍的（见第 46 页脚注），因此我们不能忽视来自公众的判断。此外，在一些受限和特殊情况下，似乎公众的判断也是合理的。如在关于登月计划、冷凝实验和环境问题上，公众都能从过去的错误陈述中推导出现在所谓的安全说法是一种误导，在韦恩关于学徒关系的陈述中反之亦然。应当指出的是这些范例要么证明了对社会生活的充分理解，要么证明了在归纳推理方面有充分的经验，但都没有提及判定的可信度问题。似乎，当条件满足时，我们就拥有了"转化型专长"（transmuted expertise）——把社会知识转化成技术知识。我们将在最后一章重新回到对这个问题的讨论上，这种判定显然不属于有关科学方法的*合理的*判定。当科学家用这种方式进行判定时，他们并不会在出版物或其他平台上来宣扬这种方法（Collins and Pinch，1979）。同样，当公众用此方法时，也不能或不

_52_

---

① 麻疹、腮腺炎和风疹的联合疫苗（measles，mumps and rubella vaccine，简称 MMR 疫苗）。——译者注

② 弗兰肯斯坦是英国作家玛丽·谢利于 1918 年所著小说中的生理学研究者，他最后被自己创造的怪物所毁灭。这里弗兰肯斯坦食品意指转基因食品。——译者注

应该把它当作一种合理的科学方法。

2.3　专长的内部判定及其问题

　　还有什么判定专家的方法？标准的方法是评估专家的资格。[①]现在我们知道，这是不充分的，因为在缺少资格的情况下也可以拥有专长，包括专家的专长。比如韦恩发现不具备专家身份的坎布里亚牧民更了解关于牧羊的生态环境，如风向及雨水对牧场的影响，这些都与牧羊及监测和减少辐射有关。

　　另外一个更好的案例见于爱泼斯坦对 20 世纪 80 年代在艾滋病（AIDS）治疗运动中缺少专业资格的人拥有了治疗艾滋病的专长的案例的讨论（Epstein，1996）。[②] 1985 年，有一种新药 AZT 有望通过双盲随机对照试验。但艾滋病患者担心他们在还没有得到有效的治疗药物之前就会死亡。因此，他们开展了一场运动，要求采用更快的检测制度，放宽检测条件，并尽早公布治疗方案。最初，这些激进分子——显然他们都不符合专业医学人士的标准——受到了抵制。罗伯特·加洛（Robert Gallo）作为 HIV 的发现者之一，最初对艾滋病运动参与者也怀有敌意，曾对这些成员说"艾滋病联盟要么解散"要么"ACT UP"[③]："我不管你们是 ACT UP，ACT OUT 还是 ACT DOWN，你们的想法就是不符合科学的。"（Epstein，1996：116）然而，这些运动参与者经过刻苦的自学之后，已经掌握了医学语言。最重要的是，他们增强了对微生物学的理解，并且基于他们自身关于艾滋病的统计经验，在随机的对照实验当中做出了正确的反应。当然，他们知道他们的要求是不合理的：由于死

53

---

　　① 要记住，即使是训练最有素、最受认可的专业人士，有时也会被证明是不称职的。
　　② 同见 Collins 和 Pinch（1998），或爱泼斯坦 2005 年的研究总结。
　　③ ACT UP，是 AIDS Coalition to Unleash Power 的缩写，意思是艾滋病患者联合起来，爆发（巨大的）力量。——译者注

亡时有发生，组织中的成员会定期从墨西哥走私未经检验的药物，并服用这些违禁药物，这些都会对实验数据产生干扰，更不要说不同的实验小组会共享制剂和药物。因此，"ACT UP"组织的成员知道随机对照实验并不像科学家想象的那么有效。

最终，这场运动的参与者在研发中获得了互动型专长，基于他们自身的经验，他们做出了和科学家一样的科学贡献。加洛后来在谈到该组织的一位领导时说："他是我一生中遇到的最令人印象深刻的一个人，无人能及……我不是唯一一个说他是对实验做出了贡献的人。"加洛也谈到有一位运动的参与者的科学知识水准也是"不可思议的高"。他说："有时候，他们的所知和他们的智慧真让人吃惊。"（Epstein，1996：338）这些艾滋病运动参与者虽然一开始在医药学领域中缺乏资格，但后来他们的素养已经超过了坎布里亚牧羊人，科学共同体对他们的尊重并不仅限于他们能够帮助科学家推动科学的发展。

任何专长都应当包括像坎布里亚牧羊人和艾滋病运动参与者这样的专家的专长，但这些专长却被专业资格认证排除在外了。因此，我们强调比资格更重要的标准是经验。如果要确立一个专长的普遍标准的话，经验绝对是最重要的一条。而坎布里亚牧羊人和艾滋病运动参与者都有这样的经验。

当然，用表 1.1 最下面一栏的标准对专长进行判定是没有问题的。一般的知识测试如"棋盘问答"游戏只能判断出不同层次的啤酒杯垫知识，只有更高水平的测试才能区分出公众理解和主渠道知识的熟练程度。事实上，经过我们现有的教育体系所打造出来的都是这种类型的 *54* 专长，以至于很多雇主都抱怨毕业生难以胜任工作，往往需要另一种专长——与做而不是知有关的专长。更高阶的专长是做判断的专长，它既是实践的也是理论性的。我们将通过观察那些冒充专家的人来进行更深层的研究，根据大多数标准他们都不是专家。现在，就让我们从讨论恶作剧、欺骗和充满信心的骗子开始吧。

2.4　恶作剧、欺骗和充满信心的骗子

　　这个世界上有假医生、假律师、假护士、假护理员、假煤气表和电表抄表员、假交警。也有谎称从牛津大学毕业，假扮将军的人——后来被发现是女扮男装——假天主教牧师、假中情局人员。这样看来，对于那些想象力够丰富的人来说，只要条件合适，任何人都可以拥有专长和权威。

　　这一现象在小说中也有体现。这里仅选取众多例子中的一个，杰西·科辛斯基（Jerzy Kosinski）的小说《妙人奇迹》（*Being There*）（1971年）后来被改编成同名电影，里面讲述了一个教育水平低下的、无性能力，但衣着考究的园丁昌西·加德纳（Chauncey Gardiner）从失业到变成美国总统，开启了冒险之旅的故事。这个故事会发生是因为一群拍马屁的人把这个不认识几个字的人的话解释成"惜字如金"的金玉良言。

　　专长关系理论（relational theory of expertise）需要解决的一个问题就是如何处理欺骗和恶作剧。如果是恶作剧的话，那就没什么好说的了——可以通过其所在的网络中的位置进行甄别。关系理论或旧因理论的问题在于（在暴露之前）与真正拥有专长相比，恶作剧和欺骗行为的特殊性在哪里。事实上，这个问题已经成为一个美德问题了——给什么样的行为贴上"恶作剧"的标签是关键点（Brannigan，1981）。我们的侧重点是55　对专长的判定，因此我们首先要问的是什么样的角色是难以伪装的：哪些专长更容易出错？怎样判断更容易？为什么？对于那种早上睡懒觉的"专长"来说，没什么好伪装的，每个人都可以说自己是这方面的专家而不用担心会出什么问题：关于躺在床上睡觉，不值得一骗。还有，拉小提琴也没有什么好骗的。至少，在一个著名的管弦乐队中担任独奏

是装不出来的。所有介于两者之间的，就要看什么是更好骗的了。

一个著名的范例是一个简单的计算机程序——ELIZA，它可以假扮成一个拥有专长的罗氏心理学家（Rogerian psychotherapist）。对于本书的读者来说，这种说法戳到了痛点，例如"索卡尔骗局"（Sokal hoax）。艾伦·索卡尔（Alan Sokal）曾经向《社会文本》（*Social Text*）期刊投稿，陈述了科学文化研究中的符号学转向，后来被这个期刊刊登的这篇文章被证实是一篇"诈文"，索卡尔把它比作"皇帝的新装"（"the emperor has no clothes"）。这种欺骗影响深远；如果骗人的人都很容易就假扮成有专长的人，那么这种专长更像是睡懒觉或罗氏心理治疗师的专长而不是小提琴独奏的专长。索卡尔的骗局可能揭示出《社会文本》期刊编辑的功力不行，但这也说明不了什么，即使在理论物理学界这种欺骗也有可能发生。[①]

恶作剧和欺骗之所以容易发生，因为它们的目标是"修复"施骗者 　56
技能的缺陷，特别是当他们相信付出就有回报时。[②]专业骗子的技能就是让受害者相信他或她能给他们带来巨大的经济收益，并且这一原则是普

---

① 准确地说 ELIZA 的失误在于语言处理系统，而不是它输出的内容。对此案例的讨论参见 Weizenbaum（1976）、Collins（1990）。索卡尔及其追随者得出了一个结论，认为在自然科学和社会科学之间存在着巨大的分野，事实并非如此。不久之后，波格丹诺夫（Bogdanov）兄弟关于弦理论（string theory）的论文发表在不同的物理学期刊，围绕关于这是一个伟大的发现还是一场骗局的争论持续了很长时间，或许，经过了很长时间都没有办法辨别真伪的情况比索卡尔骗局还要令人尴尬，就好像没有人能对某些学科的前沿问题给出一个肯定的答案一样，这种情况就类似于艺术中的前卫派一样。

索卡尔诈文被揭露是在 1996 年。对更多细节的披露参见 http://www.physics.nyu.edu/faculty/sokal/#papers。关于波格丹诺夫兄弟事件的报道参见 http://math.ucr.edu/home/baez/bogdanov.html。

请注意，想要用类似索卡尔事件的"一场骗局"，为持"后现代主义立场"（postmodernist mission）的期刊如《社会文本》进行辩护是很困难的。问题在于，即使承认了索卡尔跨界成功了，关于专长的实践和专长的认定之间仍然是存在差别的。他们必须要承认即便他们有专长，他们也无法判定别人所有的专长。

② 柯林斯和平奇（2005 年，第 1 章）讨论了欺骗的一般性质，柯林斯和哈特兰（Hartland）还考察了一个关于冒牌医生的案例。假医生很少会因为医疗失误而被拆穿，因为他们已经准备好"应急"措施。而新手医生，即便他们已经从医学院毕业，但他们缺少经验，对医院的日常事务并不熟悉。结果使得许多冒牌医生有机会在工作中学习，并获得了成功。我们认为，在判定真假医生的案例中，只有经验是最可信赖的判定专长的标准。即便没有专业证书，但是行医时间长了，假医生也会变成一名掌握了相关技能的医生。结果，那些和假医生一起工作的专业医疗人员在得知真相后，都会表现得非常震惊[引自 Collins and Pinch（2005：47）]。

当一个护士走到我们面前跟我说 CID [刑事侦缉处] 在那里时……我说"怎么了？"然后他们说 [卡特]（Carter）"没有行医资格"。当时我就感觉好像是被原子弹击中了一样……

这就是我当时的真实想法，如果非要让我们挑出一个冒牌医生，不可能会挑到他。

遍的：在几乎所有上当受骗的案例中，如果上当受骗的人多问问周围的人或他们信任的同事的话，可能就不会受骗了。这就是为什么我们说对即使是像小提琴独奏这样的音乐演奏而言，也需要有个"标准"。如果没有标准，对于那些花了时间和金钱来听演奏会的听众来说，他们都不知道自己听的是什么；他们也许认为自己听到的是前卫音乐或"概念艺术"（conceptual art）音乐，因为没有界定音乐的内涵是什么。

1961年上映的喜剧电影《叛逆》（*The Rebel*）对前卫艺术家的角色进行了嘲讽。在这部电影中，喜剧演员托尼·汉考克（Tony Hancock）饰演了一位不称职、未经过训练的"艺术家"，他生活在20世纪50年代巴黎的波希米亚社区的一个和别人合租的阁楼里。结果，经过一系列意外，他成功地被波希米亚社区所"接纳"，他的涂鸦也被当作艺术。①看到这个结果我们不禁暗笑，但这并不意外，因为我们知道所谓"前卫艺术"名如其实，就是没有可参考的艺术实践标准。②这也就是为什么，至少是对我们中的一些人而言，在了解到伟大的艺术家毕加索在推广前卫艺术之前的画风是写实主义的风格之后，感到如释重负的原因；知道他很有才华，我们就好判断了，即便是在面对他的一些不知名的作品时。同样，我们也想知道像特雷西·艾敏（Tracy Emin）、达米安·赫斯特（Damien Hirst）这些著名的前卫艺术家是不是真的画得好：如果我们知道了，我们就可以用他们的技能来代表他们的才能，前提是我们缺少评价的标准。③

57

---

① 乍一看，《叛逆》（在美国叫作《叫我天才》）和《妙人奇迹》所表达的意思是极为相似的，但两者的差别在于如果没有艺术天分（成功的艺术造假者必须技术过硬）是很难伪造画的；而当总统则不然，因为总统只是整个顾问体系中的一员。

② 前卫艺术的概念帮助我们理解了在熟悉他们的工作之前，假医生是如何在既有的医疗环境中生存的。在不同的国家中，新医生都是经过医疗培训然后选拔出来的，并且，医疗实践都是开放的，它允许有变化，尽管它不像艺术那么伟大，但仍旧留有余地。

③ 当所有的对精湛技艺的界定都取决于约定而不是技能时，艺术就变成一种市场营销，让人感觉不舒服也不是没有道理的。"萨奇兄弟"（Saatchi brothers）经营着英国最大的广告公司，也是英国最成功的前卫艺术收藏家，同时也是定价者。有人认为艺术的价值是广告无法比拟的，显然我们需要对两者的关系做更多的思考。

对于当代的"科学研究"（studies of science）而言，有这样的评价也很容易理解、很合理，因为它们把它从认识论的而不是方法论的视角来理解。在科学知识社会学中，技能要能经受住社会约定的检验。比如说，以成功复制实验作为新现象是否存在的判定标准的实验者的回归（experimenter's regress）——那些被看作成功的实验，在新的约定中结果依然被看作有效的（Collins, 1992）。对于作为方法论的科学知识社会学而言，这种敌对的反应是极为不合理的。

2.5 技术鉴赏力

标准的专长当然是受标准限制的。这并不是说写实主义绘画中包含着普遍的标准：我们要确立一种对写实主义的艺术风格的认识，并且这种认识要随着时代的变化而变化。[①]然而，必须*有一个稳定的标准*。 58

鉴别技能的能力也是在实践中提升的，它是一种"鉴赏力"（connoisseurship）。[②]鉴赏力属于一种元专长。根据《钱伯斯词典》的定义，"鉴赏家"（connoisseur）就是"一个知识渊博、鉴赏能力强的人"。字典的定义告诉我们，这种知识和鉴赏力通常应用于美食、美酒或艺术领域。但是鉴赏力——是通过实践磨炼出来的判断力——适用于所有的专长，当我们把它应用于其他专长时，我们称其为"技术鉴赏力"（technical connoisseurship）。

假设，一个承包商受雇对一幢房子进行改造。在不同的阶段，特别是在收尾工作时，要确保工程的质量。假设要给新浴室贴瓷砖，应该怎么贴瓷砖？灌浆线要做到多平整、多干净？什么时候能完工？可见，在

---

① 但是，技能的实施是独立于标准的。比如说我们要通过将一个苹果削成由苹果丝组成的螺旋形状来表现我们的艺术灵感。要制作一条很长的、不间断的苹果丝带（想象它只有几毫米宽）可能需要数月的时间，但现在针对这种技能还没有一种评价标准。培养这种技能就像发明一种"私人语言"（private language）（尽管你可以找到一个机构来学习这种语言）。

② 这里涉及古德曼（Goodman）1969 年的文章，将在第 5 章做详细讨论。在卡洛·金兹堡（Carlo Ginzburg）的论文《莫雷利、弗洛伊德和夏洛克·福尔摩斯：线索和科学方法》（"Morelli, Freud and Sherlock Holmes: Clues and Scientific Method"）（1989 年）中，他把鉴赏力视作鉴别艺术品的能力，所采用的鉴别方法并不是像"伽利略"研究科学那样，而是像夏洛克·福尔摩斯一样借鉴医学和历史学的方法，在这种情况下，处理的都是具体的事例，而不是关系。金兹堡好像搞混了。物理、生物科学和绘画以及夏洛克·福尔摩斯所用的方法都是典型的科学活动：它们虽然都是具体的事例，但这些具体的事例中也蕴含规律。换句话说，在特殊情况下用一般规律进行检验，就好像用一般物理学规律建造飞向月球的火箭一样。另外，就如波普尔所说，历史是不同的，因为历史是由各种偶发事件组成的，那种认为科学可以预测偶发事件的观点被波普尔称作"历史决定论"（1957 年）。

给浴室贴瓷砖时是有要求的，但这种要求对于从来没贴过瓷砖的人来说，肯定是不知道的。有一些要求变成了标准。比如说，要贴曲线的话，是把瓷砖直接切割成曲线的形状还是把它切割成小块然后用填缝剂把它们拼起来？为了保证工程质量，无论是对形式化的标准还是对非形式化的标准而言，都需要和泥瓦匠"沟通"。可能有些人会让建筑师来与之沟通。事实上，可能你雇来的这个专业人士没有贴瓷砖的经验，无法做出判断，这说明我们要基于判断的经验来做判断，而非技能本身的经验。存在一种关于贴瓷砖的鉴赏力，建筑师或业主可能不会贴瓷砖（没有贴瓷砖的可贡献型专长），但是他们看到过别人贴浴室瓷砖，也和他们交流过，可以基于*互动型专长*做判断。①互动型专长是联结那些在生活形式下能够身体力行的人（有可贡献型专长）和不会贴瓷砖的非专业人士之间的桥梁。有了互动型专长，建筑师就能与泥瓦匠和业主进行沟通。强互动型假设认为，仅通过沉浸在语言共同体中，即使无法亲身做到，某人也能"知道他者在说什么"。

那么，这和坎贝尔爵士所说的电视台和糖厂的事是一回事吗？当然不是！坎贝尔爵士的观点和我们不同，他认为在做决策时不需要有专业领域（管理之外）的互动型专长或专业经验。因为公众不可能拥有所有领域的专长，无论是对谁而言。有人可能会说，有着良好教养的贵族可能会遗传良好的品位，但是贵族的良好的品位也仅限于某些特殊领域，比如说关于食物、酒或者艺术方面。如果要把他们的这种品位扩展到技术领域，可能就会出问题了。因此，技术鉴赏力与坎贝尔爵士所说的观点不同，尽管它激发了一种理念：可以在没有实践能力的情况下来判断专长。②

---

① 我们很感谢凯文·帕里（Kevin Parry）和迈克·贝格林（Mike Bergelin），他们为我们的讨论提供了贴瓷砖这个生动的范例。就如维特根斯坦对规则的描述——没有办法准确描述规则，但我们知道如何正确地遵守规则。

② 参见 Shapin 和 Schaffer（1987），对早期的科学实验而言，要通过"见证"才能确保合理性。

我们现在可以很清楚地看到，要判断小提琴独奏者是否存在欺骗行 　60
为，我们首先要对他演奏的曲目非常熟悉：我们之前一定要听过这首曲
子——对音乐的判定和对贴浴室瓷砖的判断一样。只有这样，不会演奏
乐器的听众才能拥有普遍的，至少是相对广泛的判断经验。

2.6 向下判定：同行评议及其变量

同行评议作为一种判断科学论文、课题等的方法，其优越性在于评
价他人专长的人自身也拥有专长；在这些领域中，通常人们相信只有拥
有可贡献型专长的人才能对他人的可贡献型专长做出评价。但有可贡献
型专长的人在判定他人的可贡献型专长时用的也可能是互动型专长。很
简单，一位探测引力波论文或课题的评审专家可能并没有操作的可贡献
型专长——当他在撰写评论时，他或她并没有亲身参与到探测引力波的
活动中，他有的是互动型专长——能与探测引力波实验的物理学家交谈
或笔谈的能力。[①]幸运的是，正如我们所看到的，可贡献型专长与互动
型专长是可传递的：有可贡献型专长必定有互动型专长。如果互动型专
长是潜在的，那么评审专家就会对论文或课题给出建设性意见。

由此可见，掌握的可贡献型专长越多，得到的（潜在的）互动型专长也
越多，因此有足够充分的理由将可贡献型专长作为评价的依据。它们之间的
传递关系是单向的：拥有互动型专长的不一定能拥有可贡献型专长；但是根
据强互动型假设，一个拥有最大限度的互动型专长的人，可以被看作拥有判
定方面的可贡献型专长，能够对他人的可贡献型专长进行判定。然而，在实 　61
践中，两者间的关系是很复杂的。在实践中（虽然不是原则上，正如我们从
爱泼斯坦的研究中所看到的），没有可贡献型专长的人很难达到与有可贡献

---

① 从广义上讲，在第 1 章结尾所谈到的这个问题可以看作对探测引力波的物理学研究
的贡献。

型专长的人相同水平的互动型专长水平。所以，总的来说，有可贡献型专长的人（潜在的）的判断力要比没有的人强。如果那些有可贡献型专长的人的互动型专长是潜在的话，那么问题就复杂了——也就是缺少互动和反思的能力。在这种情况下，拥有充分的互动和反思能力以及少量的互动型专长的人（尽管不是最好的）可能会成为决策的更好的贡献者。①

艺术评论家还有更激进的主张。他们说通过不断观察和讨论，能够培养出艺术鉴赏力（就如我们之前所说的那样，它是基于互动型专长的）。有时，他们认为这种判断能力甚至比艺术家的还好。比如，有人强调艺术家有流派的限制，但评论家有丰富的经验。艺术家有时不愿意运用他们的互动型专长和反思能力，会含蓄地表达支持这种观点的态度，按照他们的话来说就是"让艺术发声"（let the art speak for itself）。

综上所述，我们不仅讨论了专长的界限，还讨论了如何对专家进行比较的问题。我们说，在其他条件相同的情况下，在对专长"E"进行判定时，掌握（认识到的）有关"E"的互动型专长越多越好。这会将我们引向危险的境地，但这也是不可避免的。之所以说它危险，是因为根据我们三十余年对科学和技术的调查表明，一个专家对另一个专家的内部判定总是有争议的。②

这是否意味着我们将陷入认识论的陷阱？我们的回答是：如果它是一个陷阱的话，那么它也只是一个很浅的陷阱。我们必须要对专长做出一种内部判定。如果不这样做的话，我们本节对于欺骗和造假的讨论就没有意义了。在缺少内部判定的情况下，就不能说小提琴独奏比前卫艺术更难造假，因为我们根本区分不出来熟练还是不熟练。我们对于像拉小提琴这样有难度的专长进行判定就像冒险，并且还不仅于此。明显的欺骗没什么好解释的，因为一个不熟练的人是没法佯装熟练的——没法欺骗——也就不需要解释。换句话说，如果没有对专长的内部评价的概念，我们就无法理解我们的生活方式。那我们如何做出正确的*内部*判定呢？

62

---

① 此处，就如我们在第 5 章中将要说明的，科学和艺术是不同的。在艺术中，评价需要更多的互动型专长，因此与科学相比，它需要更多的互动和反思能力。
② 正因为对这种判定的争议很大，才需要研究专长。

　　我们判断的原则叫作"向下判定"。在某些特殊领域中，即使判定者的专长水平很低也能做出判断，当被评价者的专长水平更低时。想一想那些质疑英国转基因食品安全性的人。这些人坚持认为在转基因食品的遗传操纵（genetic manipulation）过程中，是用放射性示踪剂（radioactive tracers）来标注基因的，这使得转基因食品带有放射性。相信本书的读者都不会赞同这种观点。但是，在科学争论发生的许多情况下，在缺少专业知识背景的前提下，他们却能做出向下判定。因为要求索赔的人不懂科学。[①]

　　在这一点上，外部判定和内部判定之间是有差别的。外部判定是没有方向性的：它可以向上判定、向下判定或水平判定。也就是说，一个普通人也可以对核工业、烟草业，或任何其他行业中的拥有非常丰富的技术经验和专业素质的发言人的行为和利益质疑，即使他在技术方面根本没有资格。在内部判定中，在认识论意义上，更合理的判定是向下判定，而非向上或水平判定。在水平方向上只能争论和协商。[②]

63

　　由于无法从技术层面对在技术理解领域拥有更多专长的专家进行判定，导致向下判定的有效性受到质疑，高水平的专长的本质不被认可，很容易将向下的技术判定和带有偏见的负面判定混淆在一起。[③]

　　为什么向下判定不会让我们退回到老的、自上而下的科学权威的观点上呢？因为它只有在达成一致意见的情况下才起作用。因此，对有关转基因食品的公众理解进行评价时，我们只能基于长久的争论结果做向下判定，并不能对转基因技术本身做评价。比如说我们可以对转基因食品带有放射性的说法进行批评，即因为在转基因实验室的实验中因将放射性同位素作为标记物，就认为使消费者暴露在放射性下，但是我们不能在尚未得到验证的情况下就对除草剂的抗药性会蔓延到植物中的观

---

　　① 我们感谢马修·哈维（Matthew Harvey）为我们提供了这个范例，取自他对英国的这场争论的田野调查。

　　② 这就类似于浴室的主人和建筑师之间的关系。需要建筑师并不是因为他或她知道如何贴瓷砖，而是因为他或她的职业有助于解决关于标准的无止境的争论。关键问题在于，房子的主人或建筑师的互动型专长并不能解决问题，充其量他们也就能进行水平判定，但他们却在协商中占据一席之地。

　　③ 当然，我们描述的所有判定可能都是错的，但这就是判定的本质。

点妄加评论，后者尚未达成科学共识。

总之，我们倾向认为可以对专长做向上、向下和水平的内部判定。社会学研究的是行动者通过协商来判定专长的方式；可以从不同层面上对公共合法性进行判定；而事实上那些获得了公众认可的公共合法性是权利、联盟等共同作用的结果。比如最近几年，依靠民间智慧赋予了向上判定很大的合法性，同时降低了向下判定的效力。这里，我们所要强调的规范观点是：真正有助于科学和技术决策的是内在技术判定，它只有在向下运行时才能做出。

64

2.7　牵涉型专长

另一种合理的内在判定是牵涉型专长（referred expertise）。所谓"牵涉型专长"是将一个领域的专长间接应用到另一个领域。这个概念的灵感源自"牵涉痛"（referred pain）——比如背部受伤会引起腿痛。现在让我们来看一下大型科学实验的管理者和领导者。一般说来，他们并不具备科学领域的可贡献型专长。加利·桑德斯（Gary Sanders）首先是高能物理学教授，然后，成了激光干涉引力波天文台（the Laser Interferometer Gravitational-Wave Observatory，LIGO）的项目负责人，这是与干涉测量（interferometry）很不一样的科学领域，在我们写作本书的时候他还兼任了一个新型望远镜建造项目的主管——又是一个很不一样的领域。他对柯林斯说："第一天，他们就把30米的望远镜的钥匙给你，然后说'去干吧'。我发现我在做设计决策时我并不了解望远镜的历史和传统。"他又补充说："我不是一个天文学家。我必须要了解'行星与星系的形成以及恒星种群'还有'究竟这台仪器是破晓仪器还是那一台仪器是破晓仪器'的争论，战役就开始了……最后，你猜怎么着？——有一个从来没在山上过过夜的人打开百叶窗，要做天文观测，说'我决定了[这种进路]，就这样'。这是怎么回事？"桑德斯用了他之前和柯林斯讨论的概念向柯林斯解释了他在该项目的前18个月里的学习方式：

> 我担心我理解不了。但我发现，要获得你所谓的"互动型专长"并不难。我设计不了"自适应光学系统"（adaptive optics system），但是在参加项目的六到九个月之后，我真的发现我能理解不同的自适应光学系统理论和它们的工作方法，并且我能画出流程图并定义算法，还知道不同技术的技术准备程度——哪些技术真的可以应用于开发蓝天，哪些技术还有待证明，有些组件有待进一步开发……
>
> 我可以和一群自适应光学专家坐下来，听他们说"加利，你错了——多目标自适应光学（multi-object adaptive optics）可适用于破晓计划，并且它有如下优点……"然后我会说："不，是多共轭自适应光学（multi-conjugative adaptive optics）。"然后，我向他们列举了四点理由，陈述我为什么倾向用多共轭自适应光学来进行我们的科学研究，以及我们所要做的技术组件的准备等。当我在说的时候我注意到房间里有个人回头望向我说："他确实明白，他思考过。"
>
> ［但是］如果有人对我说"好吧，桑德斯，你说得都对，现在就去建造一个多共轭自适应光学系统"的话，我造不出来。我根本无法坐下来写出方程式……但我能画一张图来表征不同部分和技术准备——困难在哪里——我掌握与其有关的语言，我认为我有资格做出决策。

回顾他在LIGO的生涯时，他说：

> 我设计不出LIGO干涉权。我不能像其他［著名的科学家］一样写出转换函数，找到噪音等。但是我知道科学家在说什么。一部分靠听、一部分靠理解，我知道哪个是最重要的环节、哪个是最难的环节，但我组装不出来。但我在这个位置上，我必须要做决策。所以这取决于我听取了哪些人的

65

意见，哪一部分契合要点——我们要的是……用你的话来说，
它更像是互动型专长，而不是可贡献型专长。①

大多数专业领域都需要管理，管理者都有做决策所需的互动型专长
但没有可贡献型专长。②这是否意味着他们所拥有的技术专长不如社会学
家所说的互动型专长呢？似乎说"是"的话不太合适——如桑德斯所说，
他们的专长比互动型专长多。正如我们所看到的：管理科学项目并不需
要可贡献型专长，但需要从不同的领域中汲取专长。管理者们必须从他
们在其他科学领域中的工作和经验中知道他们所管理的科学领域的可
贡献型专长是怎样的，这要求他们要知道他们所领导的科学家能够为该
领域做怎样的贡献。有牵涉型专长的科学项目的管理者会比没有者在管
理方面会更加得心应手（也更有权威性和合理性）。③

这种经验在其他领域也有体现。比如，他们会发现在他们所从事的
其他科学领域中，那些之前被乐观主义者认为是无争议的后来都被证明
是存在争议的，这就说明他们知道在多大程度上可以忽略技术论据。他
们知道技术承诺不兑现的频率和原因。他们知道追求完美有多危险。他
们知道争论要持续多久、什么时候结束，因为再拖下去也学不到什么。
他们知道什么时候决策是重要的，什么时候不值一提。他们知道什么时
候它只是一个工程问题，什么时候是一个根本问题。互动型专长就是将
这个领域的专长应用到另外一个领域的媒介。

我们知道，并不是所有科学项目的管理者都有牵涉型专长。曼哈顿
计划的负责人格罗夫斯将军就是这样一类人。④在掌管科学时，你是否
需要牵涉型专长与你在管理中需要多少专业知识有关。如果牵涉型专长
有助于管理的话，那么要管理制作"X"的过程中，你至少需要拥有与
其密切相关的"Y"的制造经验。这对坎贝尔爵士有用吗？可能没用，

---

① 采访于 2005 年 10 月 22 日，拉古纳·比奇（Laguna Beach）。
② 比如关于高能物理学家是否能胜任管理 LIGO 的科学家的工作，参见 Collins（2004a）。
③ 在 LIGO 案例中，有些科学家认为牵涉型专长不切实际。他们认为管理者所拥有的高能物理学知识离他们所从事的干涉技术相差太远："让我感到失望的是，两年过去了，项目的管理者对探测引力波实验的干涉技术仍然不太了解。"[引自 Collins（2004a）]
④ 参见 Thorpe 和 Shapin（2000）。

· 60 ·

因为制糖和制作电视节目没有什么相关性。这正是会令坎贝尔爵士勃然大怒的原因。

当然，牵涉型专长并不是管理科学项目需要用到的唯一的专长。管理者需要掌握的专长还包括财务管理、人力资源管理、网络技能、政治技能等，其中有些属于管理的可贡献型专长。重要的是，科学或技术项目的管理者需要掌握局域判定；他们要知道如何判定，即使不能够对专业领域的科学争论进行判定，也要能够对专业领域的科学家做出判定。管理者必须听取持有相互竞争的专家的不同意见，这些专家必须拥有其所涉领域的可贡献型专长，除了要对专家进行判定还要对他们的观点进行判定。[①]

2.8 元标准：判定专长的标准

正如之前所说的那样，我们的目的是要找到能够将专业领域内拥有专长的潜在的判决者与外行区别开来的方法。为此我们还打造了一些外部标准。

2.8.1 证书

从外部衡量专长的标准就是看证书，如能够证明其过去熟练程度的证书。可以用证书来定义专家，但如前所述，有些有专长的人是没有证书的。讲流利的语言、道德判定或政治判定都没有证书。普遍的判定也没有证书，靠证书无法区分熟练的小提琴演奏家和新手，也无法对鉴赏

---

① 切记，如科学知识社会学所示，正如科学家所承认的那样，在前沿的科学领域中，对科学观点的判定就相当于是对科学家的判定。社会学分析参见 Collins（1992）；对科学家的评论参见 Wolpert（1994），他谈道："科学家必须对实验的可信度做出判定。参会的原因之一就是要同该领域的科学家会面，据此形成对他工作的判定。"

在管理大型科学项目时，牵涉型专长比可贡献型专长所发挥的作用更大：它可以避免决策中的风险，以便做出公正的裁断（Collins，2004a）。对管理大科学项目的更深入的分析参见 Collins 和 Sanders（2008）。

力做区分（对有些职业比如建筑师的鉴赏力）。总之，坎布里亚牧民和
艾滋病运动的参与者都没有证书。因此，我们认为证书并不是一个有效
的区分专长的标准。

2.8.2　从业记录

从标准的有效性来看，从业记录优于证书。哲学家埃尔文·戈德曼
（Alvin Goldman）认为，从业记录是外行可以用来判定专家的标准之一
（Goldman，2001）。[①]以成功的从业记录为标准，会淘汰掉很多伪专家，
但它也会漏掉很多专家。比如说，它会把类似于牧民这样的专家排除掉，
这些人可以凭借他们的专长第一时间参与公共领域的技术讨论。同样，
它也会把存在于公众领域的普遍的和局域的判定排除在外，因为这些也
不涉及成功的从业记录。即使对有资格的科学家和技术专家来说，在
一个新的领域中获得记录也绝非易事，也许需要经过几十年才能获得
记录，且所谓"成功"的意义也是很模糊的。因此，就作为标准而言，
从业记录比资格要好，但"有时"它只是针对那些争议不是很明显的
领域。

2.8.3　经验

似乎经验是一条更适合的标准。包括牧民、艾滋病运动的参与者以
及其他我们之前所描述的被排斥在技术领域之外的公共领域中的所有
那些有专长的人。我们从一开始就知道没有技术领域的经验，或者没有
判断技术领域的产品的经验，就没有专家的专长。如果没有做过科学研
究的经验，没有与科学家交流过的经验，没有演奏过或听过小提琴演奏
的经验，或者没有观察过和讨论过贴浴室瓷砖的经验，就无法达到在这
些领域中做决策的最低标准。

因此，在经验检验方面，对艾伦·索卡尔的经验的检验，会比表面

---

① 同见 Kusch（2002）对证词的研究。

上的同行评议更深刻地阐释他的那篇论文《走向量子引力的超形式的解释学》（"A Transformative Hermeneutics of Quantum Gravity"）的价值，同理对昌西·加德纳和前卫艺术家汉考克及骗子们来说也是如此。[1]当经验不足时就容易被骗子欺骗，但是一旦当我们发现他们缺少经验时，就可以将他们排除在专家队伍之外。（尽管，当然有了经验也不一定就能保证他们*是*足够胜任的。）

2.9　对专长的元素周期表的总结

现在让我们重新回顾一下我们所列举的各类专长。重新回到我们的专长的元素周期表——表 1.1。

*普遍的专长*是社会成员在人类社会生活中通过文化适应（enculturation）而获得的。它包括能流利地使用语言以及对社会、道德和政治的理解。普遍的专长是所有专长的起点。

*素质*包括*互动能力*和*反思能力*，能把潜在的互动型专长转化成实在的互动型专长。

专家的或专业领域的专长（specialist, or domain-specific, expertises）包括看不见的普遍的默会知识比如*啤酒杯垫知识*、*公众理解*和*主渠道知识*以及涵盖了专家的默会知识的专长，能够使涉入其中的人对他所从事的领域做出贡献，[2]这时他便掌握了*可贡献型专长*。介于专家的可贡献型专长和外行之间的桥梁是*互动型专长*。互动型专长属于通过语言获得一种带有默会知识性质的专长，它需要在语言环境中完成文化适应。互动型专长是做技术判定的媒介。从逻辑上讲，上述五种专长存在一种传递关系，尽管它并不一定总能被意识到。

---

①　参见 Sokal（1996）。
②　请注意，我们在讨论专家的专长时引用了涉及默会知识的技能模型。

*元专长*是用来判定他人的专长的专长。*外部的*元专长是通过对专家本人的判定，或对其语言特征而不是通过理解某个领域的判定来判定技能的。它们包括*普遍的判定*和*局域判定*（需要掌握局域知识）。*内部的*元专长取决于某个领域的技术专长的程度。最直接的内部的元专长是以互动型专长为媒介，对某个领域的可贡献型专长的应用程度进行检验。*向下判定*是用较低程度的专长对更低程度的专长的判定。*技术鉴赏力*只70　依赖于互动型专长，用来界定某些专业人士或评论家。*牵涉型专长*是用一个领域的可贡献型专长来判定另一个不同领域。

元专长为我们提供了一个评价专长的外在标准。我们之前强调过，所涉及的三种标准里面，经验判定是最优的。

2.10　分类的问题

2.10.1　互动型专长和可贡献型专长的界限

现在，我们来处理一下概念的问题。互动型专家没有可贡献型专长，却不断地为科学做着贡献。比如，不会计算机编程的哲学家和社会学家对人工智能科学做出了贡献；从来没有检验过指纹的社会科学家和统计学家对指纹识别做出了贡献；从来没有设计或制造过干涉仪或望远镜的项目管理者对激光干涉引力波探测和大型望远镜的设计做出了贡献；还有进行科学元勘（science studies）的专家对公共领域的科学和技术争论的解决做出了贡献。事实上，我们想强调的是，人们并没有充分认识到互动型专长而非可贡献型专长的潜在的贡献的重要性。因此，何时才能认为拥有互动型专长的专家做出了与拥有可贡献型专长的专家一样的贡献？[①]

首先，我们要区分"做出贡献"（making a contribution）和"成为可贡献型专家"（being a contributory expert）的区别。那些为壳牌石油公司勘探石油的石油工人为那些从事科学元勘的人做出了贡献，因为他们提供了从家到办公室的燃料。然而，石油工人并不是元勘领域的贡献型专家——他们是石油开采方面的可贡献型专家。

可能这个例子过于简单，因为石油工人的贡献并不触及元勘的核心领域。我们之所以这样说是因为不管燃料提供给了谁，他们都做出了贡献；同样，壳牌的员工也为核电工程、芭蕾舞、动物园管理等做出了贡献。不仅如此，那些与核心领域有过密切联系，只是这种联系是比较零散的人也"做出了贡献"。凭借其互动型专长，柯林斯提出了建议——很少被采用，但至少引起了讨论——在探测引力波实验的科学和技术方面。[②]但是，互动型专长的一大特征就是它寄生于可贡献型专长中，不能独立存在，而柯林斯并没有可贡献型专长，这样看来，似乎自持的实践经验是可以传递的。我们认为，即使有很多人都有互动型专长，如柯林斯（现在似乎确实有一个社会科学家群体有这种能力），但是如果不与实践的世界保持密切的联系并实时更新的话，他们的理解和交谈的能力就会随着时间的流逝，与实践者的理解和话语相悖离。

然而，上述情况也有其他的贡献因素，如西蒙·科尔对指纹识别技术的讨论。西蒙·科尔是一位科学元勘的专家，他在指纹识别的案件中以专家证人的身份出现，他的证据被当作确立指纹检验员的检验结果的依据。在科尔所参与的案件中，他的"书本知识"不及从事指纹识别的检验员。科尔的"交叉检验"（cross-examinations）的概念说的就是这个问题。例如：

Q：你对"潜印"（latent prints）不是很了解，对吗？

---

① 这是西蒙·科尔（Simon Cole）所提出的问题。同样的观点参见 Selinger 和 Mix（2004）。
② 事实上，曾经不止一次地提出过建议。

A：我所掌握的是对这个行业和文献的了解。

Q：我再问一遍：那就是说你并不了解潜印？

A：如果你指的是检验潜印的知识以及对不同的指纹检验员检验的方式进行比较的话，是的，我不了解。①

72 在这种情况下，法院给出的结论是："科尔博士提供的是'垃圾科学'（junk science）。"

我们认为，对科尔而言，上段谈话的问题在于法庭只承认那些对指纹识别领域做出了贡献的指纹检查员的实践型专长。论证并不仅是法律上的权宜之计——有经验的专家对他们的专长充满信心。因此，科尔说，在一次会议上他问过一个和他关系比较好的指纹检验员，该如何掌握其所知。该指纹检验员的回答是："来我的实验室，学习我学的，看我看到的，然后你就会知道为什么我知道了。"②

我们想要做的正是建构一套专长的话语体系，使像科尔一样的人得到应有的资格，如果他愿意的话，用我们的话来描述"交叉检验"问题就是："我在指纹识别方面没有可贡献型专长，但我有该领域的互动型专长，确保我能做出贡献。"在这个过程中，我们设想，在未来，互动型专家能够拥有和可贡献型专家同样的话语权。

现在，我们暂且把科尔的专长放在一边，从统计学家的角度来看下哪种指纹识别是最正确的。同科尔一样，他们所有的只适用于对指纹的理解。如果统计学家对指纹识别并不是特别了解的话，他们的专长对于法律程序来说是不起作用的。因此是他们在指纹识别方面的互动型专长为指纹识别实践提供了保障。统计学家希望在法庭上展示出的是一种自持的可贡献型专长：可以在课堂上学习统计学，也可以在缺少实践的情况下通过密切接触完成统计学的转移。这种情况与韦恩所描述的牧羊人的情况类似，他们有相关的可贡献型专长但是却得不到承认，而爱泼斯

① People v. Hyatt，#8852/2000，Tr. Trans. 37（Sup. Ct. N.Y. Kings Co. — Part 23 Oct. 4，2001）. 完整案例的讨论参见 Lynch 和 Cole（2005）。
② 这是科尔对那次谈话的意译。

坦所描述的艾滋病患者，他们就是因为充分发挥了他们的互动型专长，才引起了人们的关注。

　　当科学知识社会学被应用于人工智能时，也遇到了类似情况。一种　　73
有助于理解知识的社会本性的可贡献型专长正在被应用到人工智能领域，正是基于人工智能实践方面的互动型专长才使外行能够凭借其对知识的社会学分析参与到人工智能的研究中去。因此，互动型专长的确是做了贡献的，其贡献在于在该领域中重新确立了可贡献型专长的价值。互动型专长的角色就是为新的可贡献型专长的价值做辩护。①

　　通过这样的一个过程，可以使新的可贡献型专长在专业领域中占据一席之地。但是，这种转变并不具有什么哲学意义，只是界限发生了变化。比如说，拥有互动型专长的统计学家也仅能被称为是互动型专家而已。他们不是测量二元中子星（binary neutron stars）发射的引力波强度的可贡献型专家，他们也不是干涉镜涂层方面的可贡献型专家，尽管从广义上讲他们都是探测引力波领域的可贡献型专家，但对其他专业领域的人而言他们只拥有互动型专长。②正是有与某一领域的专家的专长相　　74
关的互动型专长的存在，支撑起探测引力波这个庞大的实验领域——否

---

　　①　在人工智能研究早期，人工智能的研发者们对于外界关于人工智能的"外部干预"（outside interference）是十分抵触的。但是哲学家休伯特·德雷福斯（Hubert Dreyfus）还是于 1972 年（同见 1992 年）发表了第一个，也是迄今为止最权威的评论。其中他谈到以马文·明斯基（Marvin Minsky）和西蒙·派珀特（Seymour Papert）为首的一批人（人工智能领域的核心人物）甚至试图阻止他获得麻省理工学院（MIT）的终身职位。这件事后来是在麻省理工学院校长的出面干预下才得到了解决（见德雷福斯 2003 年 12 月 5 日发给柯林斯的邮件）。随后，德雷福斯受邀作为美国军方的人工智能项目的咨询专家，人工智能研究领域对外界的评论也更加开放。比如人类学家露西·苏希曼（Lucy Suchman），她曾经写过一篇非常著名的批评施乐帕克研究中心（Xerox PARC）的文章，后来她就留在那里了，还在那组织了自己的研究团队。2002 年，她被授予计算机和认知科学的"本杰明·富兰克林奖章"（Benjamin Franklin Medal），是继马文·明斯基 2001 年和西蒙·派珀特 2003 年获得该奖章之后第三位获得该奖章的人。柯林斯也参与过人工智能的研究（Collins，1990；Collins and Kusch，1998），他的第一篇关于人工智能领域的专家系统的评论文章（Collins，Green，and Draper，1985）就获得了 1985 年英国计算机协会专家组（British Computer Society Specialist Group）的最佳技术论文奖。然后，柯林斯被邀请加入了英国国家经济和社会研究委员会（Economic Social and Research Council，ESRC）审查委员会，该委员会隶属于英国国防部，是负责向人工智能领域拨款的一个部门。当然，人工智能的核心是设计和/或建设程序，并不太会接受来自哲学家或心理学家的意见。并且，与指纹识别技术不同，它有其内在的传统（Weizenbaum，1976；Winograd and Flores，1986），可能它主要是以大学为基础而不是以技术为基础建立起来的学科（但这却没有给德雷福斯早期的研究带来什么帮助）。

　　②　需要提醒的是尽管在镜面涂层和源强度的测量方面也有划分更细致的专长。"专业领域"的概念是分层的（Collins and Kusch，1998：第 1 章）。

则，它就只是一个孤立的专家群体的集合而已。在探测引力波实验中，把这个专业群体叫作可贡献型专家并不是基于知识的本体论考虑，而是因为不论你拥有的是互动型的还是可贡献型的专长，都是做决策的专家。把做了贡献的专家称作是可贡献型专家是有点武断的，因为"专业领域"的概念是很模糊的。但这并不意味着某个特殊实践领域的互动型专家能变成可贡献型专家。①我们可以把上述观点用卡通画的形式描绘出来（图 2.1）。

在这幅卡通画中，用三角包围着圆圈的图形表示的是专业领域的可贡献型专长，比如镜面抛光、波形的计算或指纹识别。不规则的线条代表的是专长的边界。左边区域代表的是探测引力波的物理学。它是用成员的互动型专长（通过对话的形式）联系在一起的专长领域。图中的小人代表像柯林斯一样的互动型专家，他有能力与专家进行无障碍的对话，但是他不在可贡献型专长区域中。在右边的图中，实线区域代表的是指纹识别领域，底下有个像统计学家一样的人想要进入这个领域。统计学家拥有统计学的可贡献型专长，并且能通过其在指纹识别方面获得的互动型专长将其所拥有的统计学中的可贡献型专长应用于指纹识别技术中（实线区）。假以时日，统计学家在统计领域中的可贡献型专长会成为指纹识别领域的一部分（用虚线表示）。在这种情况下，标签可能会发生变化，统计学家也能够被称作是指纹识别领域的可贡献型专家，但其实他的专长并没有发生变化。

如何在图中标注像科尔这样的社会科学家，主要取决于他的社会科学专长做了多少贡献。可以肯定的是，科尔之所以能在法庭上对有关指纹证据的争论做出判断，源自基于他的指纹识别实践所形成的互动型专长，但是他的社会科学专长是否能够成为统计学的一部分，尚不明朗。

---

① 同样，分析显示即使大型科学项目的管理者对科学结果做出了显著贡献，也要把他们所拥有的技能分为互动型、牵涉型和贡献型。比如，在柯林斯和桑德斯即将出版的著作中，作者认为桑德斯了解技术论证的权重，这种能力是一种牵涉型专长，他对自适应光学中的好的决策的判断能力是一种互动型专长，而他能绘制进程表的能力就是一种可贡献型专长（管理方面）。还有，在科学的管理过程中不能说这些专长的结合是不对的。

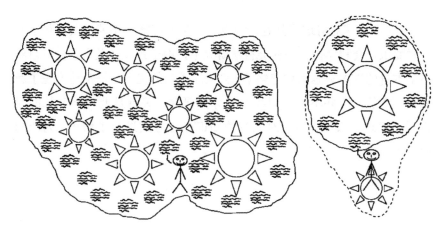

图 2.1　科学领域中的可贡献型专长和互动型专长

科尔的专长比统计学家的更广泛——它是对指纹识别在法律流程中的整体作用的一种判定，而无关识别结果的对错。只要它对决议有影响，法院就必须要考虑它在被判有罪或无罪的过程中将会做出怎样的贡献。也许，他的意见所做的贡献只是"一次性"的，不能覆盖所有的案例。换句话说，尽管这种判定的产生源自一种特殊的专长，但却可以反过来将它应用在不同领域，就像针对不同公司的管理咨询方案一样。首先是围绕"DNA 指纹识别"领域形成了社会科学判定，然后是口头证据，再次是传统的指纹识别领域，最后是法医学，等等。不论是社会科学判定还是管理咨询都不可能永远"活灵活现"地适用于某个领域。

76

2.10.2　专长和经验研究作为一种有缺陷的科学

我们已经对专长进行了分类，但毫无疑问，其中尚有很多不足。但是，无论是哪种专长的分类方法都有缺陷——它们无法逃避界限的问题。原因之一是所有的分类都必须要处理"理想类型"（ideal types）的问题。一种专长会转变成另一种专长。还有一种原因是专家常常是基于专长对其他专家进行判定的。比如，"科学的守卫者们"（science warriors）常说社会学家对科学的分析是有缺陷的，因为他们缺少研究科学的专长。①必须认真对待这些问题，但也不能学术麻痹。不能像要求科学家一样要求社会科学家。在社会科学研究中，由于距离的关系，使得自然科学本身的许多缺陷都被忽略了，只关注了它的优点——从而产生了新知识。当然，这并不能阻碍我们的分类研究。关键是要理解专长的元素周期表这个表格，该表对原有的知识产生方式进行了修正，为新的概念框架奠定了基础。

---

① 对"科学的守卫者们"的研究参见 *Social Studies of Science* 29，no. 2（1999）；Dawkins（1999）；Gross 和 Levitt（1994）；Gross、Levitt 和 Lewis（1996）；Koertge（2000）；Wolpert（1992）。

第3章　互动型专长及其涉身性

正如我们之前所说，互动型专长搭建了我们和专家之间的桥梁，它涉及广泛的专业活动。事实上，我们越是思考社会是如何运转的，越会发现互动型专长是"无处不在"的。现在，我们将对互动型专长做进一步分析。与互动型专长相关的观点认为要了解生活形式并不必然要掌握生活形式所涉语言。这种观点需要强有力的论据支持。首先，让我们先为我们的论证扫清障碍。

哲学家休伯特·德雷福斯（Hubert Dreyfus）强调，如果你要学习一门语言，你就要去讲这门语言的地方，与那里的人亲身互动，这要求你首先要具备身体条件。此论点是德雷福斯批评人工智能的核心，而我们的观点正相反。①我们涉及互动型专长的问题可以用这样的语言来表达："计算机能掌握多少与某个领域相关的语言？"对此，我们的看法与德雷福斯相同：我们都不认为现有的计算机能流利地掌握人类语言。但德雷福斯的理由是认为计算机缺少身体条件；而我们的观点是认为它除了缺少大脑和其他器官，还缺少社会化过程。德雷福斯认为他强调身体的重要性的观点将计算机获得语言的可能性排除掉了。在他发表于 1967 年的著名文章《为什么计算机必须有身体才能获得智能》（"Why Computers Must Have Bodies to be Intelligent"）中所提到的 "智能"包括语言的使用。这里，我们要强调的是：身体（获得可贡献型专长）并不是学习语言（获得互动型专长）的必要条件，所以德雷福斯所谓的涉

---

① 参见 H. L. Dreyfus（1972，1992）的反人工智能的论述。另外，柯林斯也提出了许多反人工智能的观点（如 Collins，1990；Collins and Kusch，1998）。

身性论证并不能解决计算机掌握语言的可能性的问题。

正如我们在第1章中所提到的,德雷福斯与我们的观点的差异在于德雷福斯强调个体性,而我们强调专长所属的社会群体性。在学习语言的过程中所处环境的重要性是显而易见的。比如,英语"植根于"以其为母语的人群中,英语有"自己的生命"。能够熟练地掌握英语的唯一途径就是融入说英语的群体,获得说英语的能力。保持这种能力的唯一方式就是置身于英语环境中。从这个角度上来看——这种分析——阻碍计算机熟练掌握英语的关键因素在于我们忽略了对说英语的社会环境的理解。如果我们有办法让它们成为社会群体的一员,不管是否涉及身体因素,都能消除阻碍它们说英语、法语、赞德语(Zande)、探测引力波的物理实验用语的界限。

只要考虑到人类可以在各种不利的条件下也能把语言说得和常人一样,我们就可以证明这一点。只要保证他们的大脑能够与社会保持充分的联系,他们就仍是社会成员。也就是说,只需要很少的感官,不需要整个身体。大脑中处理语言的部分以及身体中与语言学习和说话相关的部分是最重要的:耳朵、喉咙和其他发声的器官。因此,在大多数情况下,获得*可贡献型*专长,而非互动型专长需要身体的参与。

这引申出一个新的观点,即在语言共同体中获得涉身性需要身体的参与,比如喉咙是说话的必要条件,但并不是掌握特殊领域的语言的必要条件,比如说英语、法语或探测引力波的物理实验用语。同样,获得可贡献型专长和互动型专长的条件是有区别的。

79

3.1 社会及最小的涉身性

现在,我们要对"社会涉身性论题"(social embodiment thesis)和"最小的涉身性论题"(minimal embodiment thesis)进行区分。社会涉身性论题强调特定社会群体所发展出来的特定语言与其成员的身体形态

（或实践）有关，因为身体形态会对他们做事情产生影响［这是一种内向的"萨丕尔-沃尔夫假说"（Sapir-Whorf hypothesis）］。这就如维特根斯坦所说，即使狮子会说话，我们也不知道它说的是什么。他说我们不知道狮子在说什么，因为它们的身体结构和我们是不同的，所以它们用概念表达世界的方式——"概念联结"（conceptual joints）——和我们也是不同的。①比如说，我们都知道"家族相似性"（family resemblance），当我们说"椅子"时我们就知道可以坐在上边两腿弯曲。所以，当说到"椅子"这个词时，我们就知道它是什么样子。然而，对于会说话的狮子的群体而言，在他们的群体中没有与"椅子"相对应的词，因为它们坐的方式和我们不同。相反，对于狮子而言，椅子和鞭子、棍子一样，是"驯兽员"训练它们时用的（假设会说话的狮子生活在由人类经营的马戏团中）。这样，对狮子而言，物理联结和概念的联结不是一回事。

现在，让我们"推出"互动型专长这个概念。假设有只具备说话能力的狮子，从襁褓时就生活在人类社会中，像养小狗、小猫一样，如果它掌握了互动型专长，它就能像人一样开口说话，包括它能说出椅子，即使它不会坐椅子。这就是*最小的涉身性论题*。我们称其为"最小的涉身性论题"是因为它强调尽管语言的产生依赖于身体形态，但是只要具备了学习语言的最少的身体条件，就能在身体所涉的共同体中习得语言。最小的涉身性论题强调并不是只有身体力行才能习得语言。再次强调一遍，互动型专长能让语言共同体的成员无须亲身参与共同体的物理行动，就能获得通过身体参与才能获得的涉身性。②　　　　80

如果会说话的狮子的例子太奇怪，那么让我们来看另一个由韦尔斯（H. G. Wells）发明的"思想实验"。在小说《盲人国》（*The Country of the*

---

① 当然，要让狮子说话还需要它有喉咙和控制喉咙的大脑。
② 上述关于会说话的狮子和涉身性论题参考了之前发表的一些论文（Collins, 1996a, 2000）。这里，我们舍弃了"个体的涉身性论题"（individual embodiment thesis）的概念，用"最小的涉身性论题"取而代之。这种观点的产生受到了埃文·塞林格（Selinger, 2003）早期论文的影响。关于互动型专长的讨论最初见于 Collins（2004b）。其他关于塞林格和米克斯的评论（Selinger and Mix, 2004）以及柯林斯的回应见 Collins（2004c）。

Blind)中韦尔斯讲述了一个叫作努涅斯(Nunez)的登山者从山坡上跌下来,掉到一个没人去过的山谷里。①在那里努涅斯发现所有居民的眼睛都萎缩了,只留下两个凹陷的洞。这时他想到有句"谚语"——"在盲人的国度里'独眼龙'就是国王"(In the country of the blind the one-eyed man is king),于是努涅斯认为他应当成为那里的首领。但恰恰相反,在那里人人都认为他是个傻瓜。因为居民们并不明白他所说的"看见""星星"之类的话,以为这些都是小孩子的胡言乱语或恶作剧。

> 那里的百姓有十四代都是盲人,早已与世隔绝了,所有与颜色有关的词都退化和改变了,所有与外部世界有关的故事都已失传……

虽然努涅斯试图通过观察远距离的物体的运动展示其能力,但山谷中的居民却惊讶于努涅斯无法参透墙后和屋内所发生的情况,他的听觉和嗅觉没有他们发达,他的辨别能力也没有他们灵敏。还有,在夜晚和在没有灯光的房子里,他们为他在黑暗中所表现出来的笨拙表示惊讶。他们甚至不让他与本部落的女子成婚,怕影响他们的血统。

81　　韦尔斯的描述,印证了社会涉身性论题。在盲人国里,人们已经适应了看不见的生活,说着属于看不见的世界的语言。"看见""星星"之类的话随着人们的眼睛的退化而被舍弃,另外新的概念世界已经形成,那里没有内与外、光明与黑暗的区别。

而对努涅斯来说,一旦他认识到在这里视力对他而言并不是优势而是缺点的话,他就会慢慢改变他的言论。韦尔斯告诉我们,努涅斯是可以适应当地人的思考和行动方式的,无论是适应还是保持特立独行,这是一个探险的原则问题而不是能力问题。最后,他爱上了那个国家里的一位姑娘,在选择摘除眼球——长者们提出的治疗"疾病"的方案,和逃跑之间左右为难。最终他选择了自杀式地逃跑,但其实他还有另外一

---

① 本页所参考的是奥当斯(Odhams)版的韦尔斯的著作。所参考的这本书没有出版日期和书号,但所涉及的内容是在书的467—486页。这篇短篇小说最早发表于1911年,但其他出版细节不详。这个故事后来在多佛再版。

个选择：他可以选择接受语言的社会化。他可以做到这一点，并不需要通过什么手段把自己的身体搞得像当地土著人一样。有人曾试图把他的眼睛弄瞎，因为他一直在说看得见的好处，而事实上在那个地方，视力对他而言是缺陷——努涅斯未能实现"本土化"（go native）。如果他不是那么固执地坚持他的思考和行动的方式的话，他本来是有机会建构出一种概念框架的，即实现语言的社会化。尽管努涅斯的身体不适于那里的环境，但并不妨碍他获得那里的语言。① 与此情景相对的是生活在我们社会中的盲人，他们在获得视力正常的人的语言方面并没什么问题。

3.2　玛　德　琳

让我们的目光从思想实验转移到真实世界中来，我们要讨论一下在奥利弗·萨克斯（Oliver Sacks）所写的《错把妻子当帽子》（*The Man Who Mistook His Wife for a Hat*）中所描述的一个关于"玛德琳"（Madeleine）的例子（Sacks，1985，第 3 章）。玛德琳生来就是个盲人且身体残疾，她甚至不能用手来阅读盲文。然而，通过别人来给她读书，她形成了对这个世界的了解。玛德琳的"身体"所发挥的作用很小，几乎无法保证她能够参与正常的社会生活。萨克斯成功地教会了玛德琳用手，这是一种*胜利*，因为他一直强调玛德琳在早年几乎是*不能动的*。据萨克斯说，正因为她不能动，所以玛德琳的手很敏感。萨克斯说"她不能吃饭，不能上厕所，什么都不能做，都需要别人来帮助她"。尽管如此，玛德琳还是可以以书面和口头表达的形式"自由地、准确地……表现出她是一个非常有智慧和文化的人"。据萨克斯说，玛德琳"所拥有的非凡的智慧和文化素养，可以这么说，是由想象所激发的，别人为她提供了想象

82

---

① 韦尔斯想通过这个故事告诉我们什么，尚不完全清楚。他是不是在呼吁坚持殖民地以外的世界观，不要被本土价值观腐蚀？对我们而言，这些并不重要。

空间，通过语言文字传达了这种想象……"（萨克斯说）。玛德琳的案例就是一个关于最小的涉身性论题和互动型专长的范例。她是通过沉浸在语言世界中来学习语言的，而并不是身体力行地存在于生活形式中。社会涉身性是说，语言存在于生活形式中——要求有充分的社会行动——但是玛德琳的案例表明个体并不需要依靠身体也能获得对社会的理解。

如果仅需要最小的身体条件就能掌握整个生活形式的语言的话，那么最小的身体条件要小到什么程度？像德雷福斯这样的哲学家肯定不会这样问，因为他设想涉身性是二元的。一个人要么有身体，要么就没有身体——要么是"1"，要么是"0"。如果按这种标准，玛德琳的身体就不是"1"，而是"0"。我们认为二分的进路忽略了互动型专长的存在。要开垦这块处女地，首先要解决的问题是需要多大程度的身体力行才能掌握一门语言，并且为了要回答这个问题，我们可以把身体看作是连续的——身体或多或少是连续的——并考察在不同领域中要想掌握流利的语言，身体的参与度需要达到多少。这是一种需要我们用经验技术而不是*先验哲学*来解决的问题。我们更倾向把玛德琳的案例看作一个经验问题，如果萨克斯的描述是准确的，那么，他就为我们提供了一个经验的答案。①

3.3 语 前 聋

尽管对身体的要求非常小，但是对互动型专长理论而言，并不是说学习语言就不需要身体了。需要具备能够融入语言的社会共同体的载体。如果缺少融入语言共同体的语言交流的载体，即语言社会化而非计算机的语言输入模式，也是不可能流利地掌握语言的。接下来我们要通

---

① 有关此问题的哲学的和经验的研究，参见 Selinger、Dreyfus 和 Collins（2008）。

过语前聋（prelingually deaf）的例子来解释这个问题。

语前聋——那些出生后不久就失聪的人，或者在他们还没有开始学习语言之前就失聪的人——他们有行动的能力，也有这种功能，但缺少语言社会化的载体——说话。这并不常见，正常的语言学习媒介是口语——这是婴儿学习的方式；阅读和写作都是在会说话之后才学会的。不会说话是不大容易学会阅读和写作的。例如，年轻的正统犹太人都要求能够诵读古希伯来语的经文。但是，本书的作者之一可以证明，这是一项长期的、缓慢的和痛苦的过程，与学习*语言*并无关联。它更像是学唱一些没有意义的东西。①

对于先天失聪的人来说，学习语言并非不可能，但要做到这一点，必须付出巨大的努力，并得到老师的帮助。老师每天都要花上几个小时，用唇语和其他方式来代替语言环境。②不幸的是，语前聋的小孩可能会在很小的时候错失语言社会化的机会，导致他们不能流利地掌握语言。

先天失聪的情况被错误地放在了所谓"口授"（oralism）的教育计划中。这种观点认为，语前聋的小孩可以通过手写和读唇的方式学习英语，它催生了一个后来被禁止的教育计划。拉德（Ladd）讲述了一个小男孩在这种教育方式下的学习经验。

> 他们在黑板上写，我们抄。然后他们就会给你高分，你就可以走了。但是这些话是什么意思呢？哈！不知道！一切都过去了……然而，那些有着两副面孔的人会给我们高分，然后拍拍我们的头。（Ladd，2003：305）③

按照拉德的说法，"口授"的结果就是语前聋的小孩能够阅读的平均年龄是8岁，但当他们毕业之后，他们仍然无法在社会上获得一席

84

---

① 与天主教徒使用拉丁语诵经的情况大致相同。有人可能会把这种情况与塞尔的"中文屋"（"希伯来屋"？）联系起来。

② 萨克斯曾经讲过他的一位同事，唇语非常流利，以至于都没有人意识到她是失聪者。但是她妈妈"每天都要花好几个小时在一对一的强化教学上——这是一件持续了12年的很折磨人的事"（Sacks，1989：2 n.4）。当然，这种情况使掌握语言所需要的最小的涉身性变得更小。

③ 这种教失聪者学英文的方式和之前讲到的教希伯来文的方式很像。

之地。

拉德对失聪的状态进行了区分，用 D 来表示先天性失聪的"失聪的状态"，用以和其他类型的失聪区别开来。那些仅仅是"听力不佳"或"耳背"（晚年）的人（d 失聪者）与 D 失聪者无法分享感受，因为他们之间所面临的语言的问题是不同的。

> 值得注意的是［d 失聪者］在和其他残疾人交流时是以英语作为第一语言的，因此很少有交流不畅或有文化障碍的情况出现。虽然都是和残疾人接触，但是他对 D 失聪者的社会缺乏了解，在他和这些残疾人交流时遇到了他和其他正常人交流时遇到的同样的语言/沟通障碍。

因此，虽然绝大多数 D 失聪者的视力没问题，但他们阅读书面英语的能力还是不行。拉德写道："他们很少阅读英文"，但是"官方还是用英语来传递信息，尽管他们知道 D 失聪者读不了"。

85　　不能说手语作为一种语言不好。在某些方面，比如在提高对空间的敏感度方面它比英语口语要好。然而，这两种语言是不同的，这对于 D 失聪者群体来说是至关重要的。最重要的是尽管被文字所包围——我们说，语言的可视化——对于 D 失聪者群来说读和写依旧很困难。原因在于对于这些失聪者来说，这些书面语言并不是以他们的母语为基础的，因此解决不了任何问题。听不见是学习语言遇到的最大的难题，就像盲人看不见一样。①

现在我们看到，所谓在学习语言时要求在语言共同体中身体力行，它首先要求身体本身能够融入社会群体。在大多数情况下，这意味着不但要能听到声音还要能发声，但是，我们知道 D 失聪者不具备学习语言的那部分身体机能，没有办法融入语言共同体中。也正因为如此，如果他们有视力和触觉的话，就像韦尔斯所描述的探险家的故事一样，如果

---

① 那些患有多种残疾的人，比如海伦·凯勒（Helen Keller）说在与世界隔绝的过程中，缺少听力比丧失视力的破坏程度更高。

从小就给予他们更多关注，那么语前聋的小孩是能够掌握"口语"社会的概念结构的。然而，一般情况下这很难实现，因为 D 失聪者是一个与正常人不一样的群体。①

3.4　互动型专长与实践成果

综上所述，这些例子强调了沉浸在文化中实现语言社会化的重要性。现在，让我们试着来把我们的论点表述得更清楚一点。我们要讨论一下图灵测试中的"模仿游戏"（imitation game）。在他发表于 1950 年的著名论文中，图灵假设有一个人和一台计算机，一名"法官"通过键盘输入的形式，对两者进行判断。这个想法的灵感源于一种室内游戏——"模仿游戏"——一个男人试图模仿成女人，他把答案写在纸上，通过其回答问题的方式判断他是不是女人（Turing，1950；Collins，1990：第 13、14 章）。可以设想一下，把玛德琳放在一个帘子后面，一个正常的人藏在另一边。由一个正常人扮作问话者，记录下他们之间的对话。按照本章中之前的说法，问话者是很难区分他们谁是谁的。

正如我们在导言中所说，通过对话赢得模仿游戏的途径有三种：（a）身体力行地融入生活形式中（当然，这就不需要"模仿"了）；（b）不需要身体力行，通过语言的社会化；（c）掌握命题性知识。我们认为方法（c）肯定会失败，并对哲学上对此问题的论证表示认同。但同时，我们认为方法（b）中的一些问题还有待商榷。在现有的哲学/社会学的讨论中是没法区分方法（a）和方法（b）的。在这里我们所要强调的是方法（b）和方法（a）一样有效，因为对方法（a）而言，其"完成度"也是通过对话能力来衡量的（因此，是否有能力做出判断是通过

①　拉德强调，失聪者要想融入社会就要掌握语言文字和手语两种语言（他们远离人群，住在玛莎葡萄园），（拉德在一次私下交流中说）要从小就关注失聪者的训练，以便使他们能够顺利地掌握两种语言。

生活形式来判定的）。

注意，这里有一些重要问题之前没有引起关注。并不是说通过方法（b）获得的语言的实践能力与通过方法（a）所获得的实践能力的语言部分有什么不同。学习语言并不是生活形式的附属。这就是为什么我们说仅通过语言来测试的话——就像模仿游戏那样，通过方法（b）学习语言和通过方法（a）来学习语言，在效果上没有什么不同。然而，问题是，许多人类行动都是以语言为媒介的，因此，通过方法（b）来掌握语言是可行的。这就是为什么互动型专长如此重要且用途广泛。

我们认为，之前没有人注意到可以用方法（b）来学习语言，是因为哲学上只注意到了方法（c）或方法（a）。[1]原因之一是把语言的社会化与命题等价，因此把语言的社会化（或显或隐地）忽略了。语言的社会化与命题不同，学习语言如讲母语，是语言的社会化的结果，它植根于默会知识、维特根斯坦规则和直觉判断中。

原因之二是德雷福斯提出的。[2]认为方法（a）和方法（b）在处理像玛德琳的问题上没有什么差别，因为尽管玛德琳不能动，但是她是置身于生活形式中的，尽管她基本上不能支配她的身体。德雷福斯说，虽然玛德琳的腿、胳膊不能动，眼睛看不见等，但她仍然可以前后移动。这就是所谓的"身体二元"（the body as binary）论证，但如前所述它经受不住经验的证伪，并且会在实践中误导结果。玛德琳的确没有实践能力，因此她没有可贡献型专长，但她能够正常说话，恰恰证明了我们

---

① 我们可以把这种观点应用到另一个哲学思想实验中：黑白玛丽（Monochrome Mary，参见 Jackson，1986; http://www.calstatela.edu/faculty/nthomas/ marytxt.htm）。黑白玛丽生活在一个只有黑白两种颜色的世界中。哲学家感兴趣的是玛丽是否掌握了关于颜色的语言和知识。在哲学家看来，玛丽是一个完美的颜色科学家，她获得了所有关于颜色的命题性知识；她掌握了所有关于颜色的物理学、生理学和心理学知识。我们的着眼点不太一样。我们想问的是当提问者在问玛丽问题时，在怎样的情况下玛丽通过图灵测试。我们想说的是，如果玛丽只不过是一个完美的色彩科学家——当"色彩科学家"对所有能记录下来的色彩都了如指掌的话——玛丽就输了。然而，另外，如果黑白玛丽从小就和能感知颜色的人交流的话，那么在图灵测试中，就很难把她和视觉正常人区分开来。（感谢埃文·塞林格为我们提供了黑白玛丽这个案例。）

② 同见 Selinger（2003）。

的设想——可以在缺少可贡献型专长的情况下获得互动型专长。①

再重申一遍，我们认为对探测引力波实验的科学家而言，社会学家 *88* 就像玛德琳一样，拥有语言的社会化能力。并且，社会学家在参与探测引力波实验的讨论时表现得相当出色，就像玛德琳在测试她的非专业性语言能力时表现得一样出色。②当然，我们强调的不仅是社会学家的能力，还包括所有在专业领域中和玛德琳一样的人。

现在我们回到本章之前所举的例子中，盲人和其他残障群体之所以能轻松地融入其所在的文化群体中是因为他们都经历了完整的语言社会化过程；D失聪者由于他们的语言的社会化有难度，因此只能在一个独立的共同体中使用他们的语言。③再次强调一下，社会学家在研究时所扮演的角色不太像D失聪者，更像是生活在我们的社会群体中的那些坐在轮椅上的人或盲人，或是韦尔斯故事中所描绘的探险者——通过充分的语言沉浸，即使在缺少亲身参与社会实践的前提下，也能够掌握其所在的社会群体的语言概念体系。可见最小的涉身性论题而非社会涉身性论题才是指导我们行动和认知的模型。只要法官是社会中的正常人，那么无论是在人类社会中长大的会说话的狮子，还是盲人国的探险家努涅斯，是玛德琳，还是对探测引力波实验进行调查的社会学家，都能通过模仿游戏，无论他们说的是正常的人类语言（狮子和玛德琳）、盲人国的语言还是探测引力波实验的物理语言。另外，如果我们的判断没错的话，如果我们让视力正常的人向盲人国的人提问的话，那么盲人国的人可能会在模仿游戏中失败，因为他们没有接触过正常人的概念世界。缺少语言社会化的话，如D失聪者一样，无论他们在一个群体中的涉身程度如何，都不能完全掌握该群体的概念体系。下面我们会详细描 *89*

① 在他对玛德琳的描述中，萨克斯说她的身体机能已经提高了，比如说她能用手去感知事物，特别是用手来捏泥塑头像。我们不能忽视这一进步，对我们来说重要的是在变化发生前玛德琳能流利地叙述所有发生的事情。
② 在本章中我们对玛德琳的情况做了详细介绍，然而我们对玛德琳的了解都来自奥利佛·萨克斯的叙述。事实证明，玛德琳在说话方面比萨克斯描述得要流畅得多，因此，这里对论点的经验支持可能就比较弱了。然而，首先要做的是先把研究思路从纯哲学转向经验的可证实。在下一章中，我们将要讨论实验的适当性。
③ 这并不是说盲人和坐轮椅的人就不能有政治和文化意识，而是说群体的需求不同。

述这些实验。然而，为了完善我们的哲学批判，让我们先回到德雷福斯的观点。

3.5　对身体和莱纳特的观点的说明

　　玛德琳的案例之所以引起人们关注是因为它是休伯特·德雷福斯和计算机乐观主义者道格拉斯·莱纳特（Douglas Lenat）早期争论的焦点。莱纳特试图通过玛德琳的案例来反驳德雷福斯的观点，德雷福斯认为计算机要想获得真正的智能就得有身体。而莱纳特认为，如果玛德琳可以不依靠身体来学习语言的话，那么计算机也不需要。在这场辩论中，我们发现我们在以下方面是赞同莱纳特的观点的：如果说计算机要通过身体来学习语言的话，那根本算不上是身体。身体的最重要的特征是能够与语言共同体进行交流。这就需要有发声器官，比如耳朵和与之相关的大脑。从前到后、从里到外，移动能力可以是必需的，也可以不是必需的。如果它们是必需的，比如发声器官，它们也仅是学习一般语言，而并不是学习特殊语言比如盲人的语言或探测引力波实验的物理语言的必要条件。总之，德雷福斯及其支持者关于身体作为基本要素在语言习得方面的重要性的讨论，并没有涉及身体在学习特殊语言方面所发挥的作用。现在我们来看一下德雷福斯所引用的梅洛-庞蒂在他 1967 年的论文中所列举的一个范例——盲人与拐杖的关系，以及感受丝绸的质感。向前、向后及移动并不是获得"盲人棍语"（blind person's stick language）以及"感觉丝语"（feeling silk language）的必要条件。因此，德雷福斯及其支持者并没有证明只要某人具备了身体条件就能参与专家群体的实践活动，进而掌握这个群体的语言。

　　这并不是说莱纳特的 CYC①项目把百科全书中的知识输入计算机，

---

　　① CYC 名字的来源是 encyclopedia，是美国得克萨斯州奥斯汀的 Cycorp 公司的有效注册商标。Cycorp 是由莱纳特领导的致力于实现人工智能的公司。——译者注

就能够使计算机正常交流，他的前提本身就是错的。显然这些输入了命题性知识的计算机并不能完成语言的社会化：它缺少语言的默会成分，无法创造、修复语言等。它根本就不是以语言为基础的社会有机体的一部分。这也并不是说莱纳特把 CYC 项目定位在网络上，在那里可以从网络用户身上获得大量的信息的想法是无望的；它只能收集信息，但并没有掌握运用语言的能力。我们可以说，它仍然没有办法实现真正的语言社会化，比如修复受损的语言，因此也就无法通过图灵测试。同样的观点也适用于其他试图把语言一劳永逸地输入某种设备的做法，如塞尔的中文屋及内德·布洛克（Ned Block）所设想的设备。①上述做法也都忽略了一个重要部分——连接设备与社会群体的那部分。

　　基于上述哲学批判，互动型专长的理念的提出，所要强调的是我们要重新审视对身体的要求，因为获得互动型专长只需要最小的涉身性。另外，我们要认真思考获得"社会流畅性"（social fluency）的条件，以语言为例，我们认为它们在语言处理中所发挥的作用比之前强调的更重要。我们可以进一步思考一下通过语言的社会化，学习语言的个体得到了些什么的问题。我们知道，即便身体有缺陷，依然能够获得好的语言理解能力——身体缺陷的程度究竟可以有多大，就是我们所谓的"最小的涉身性假设"。对于我们的研究而言，最小的涉身性假设的重要性在于它支持了强互动型假设——并不需要身体力行也能流利地掌握某个领域的语言：学习语言只需要最低程度的身体条件。

①　参见第 4 章结尾的"编辑测试"，对区块的讨论参见 Collins（1990：第 13、14 章）。

第4章　走与说：色盲、音高辨别和探测引力波实验

　　强互动型假设认为如果以语言为媒介的话，那么社会化与语言的社会化是密不可分的。但遗憾的是，我们没有机会和会说话的狮子、盲人国里的居民以及玛德琳说话。但是我们却有机会到一个类似盲人国的地方去，也就是说有两个相似的国家。我们这样做是想要设计一些实验来检验一下强互动型假设，看看它是否真的有效。我们设计了一个所谓"颜色感知王国"（The Country of the Color Perceivers），在那里有一些探险者——都是色盲。当然，"颜色感知王国"就存在于我们的国家中。当然，也可以把我们的国家叫作"没有音高辨别力的国家"（The Country of the Pitch Blind），因为并不是所有人都能辨别音高。只有极少数人有"音高辨别力"（perfect pitch）。如果以音高为例，那些能"辨别"音高的人不同于不能分辨颜色的人，他们扮演了努涅斯的角色。

　　世界上大约有 5%的男性没有分辨红色与绿色的可贡献型专长。然而，他们从出生起就沉浸在充满色彩的语言环境中，所以即使他们没有辨别颜色的可贡献型专长，他们也有关于色彩的互动型专长。强互动型假设认为色盲应该能在伪装成有颜色感知力的人的模仿游戏中获得成功。事实证明人们是没有办法通过关于色彩的语言发现色盲的缺陷的；

即便缺少这方面的可贡献型专长，在测试中色盲也不容易被发现。①

"就像你看到一个苹果，你就知道它是红色的，听到一个音符，就 92
知道它是降 E 调。"这就是对音高辨别力的描述。与色盲相比，对"缺
乏音高辨别力"的判定依靠的是统计标准。因此，"没有音高辨别力的
人"（很多人）是没有经过关于音高认知的语言的社会化的。因此，强
互动型假设认为在模仿游戏中，找到缺乏音高辨别力，但却假扮成有音
高辨别力的人比找到明明是色盲却假扮成对颜色有感知力的人更容易。

同样的逻辑表明，"正常"的人是模仿不了色盲的，因为他们从来
没有沉浸在色盲的语言世界中（就像盲人国的人假装能看到人一样）。
这里，我们把色盲能够伪装成是对颜色有感知力的人的能力看作一种模
仿的专长。只有色盲才了解"色盲的技巧"及其相关的语言。按照这个
逻辑，拥有音高辨别力的人应该很容易模仿那些没有音高辨别力的人，
因为他们的周围到处都是没有音高辨别力的人。

现在我们来介绍一个实验，以便对互动型专长做进一步说明。②这
个实验以"模仿游戏"为基础，该理念来自五十余年前的图灵测试。我
们用模仿游戏来调查那些没有技能但却沉浸在其语言环境中的人的话
语。我们用模仿游戏来比较那些互动型专家、可贡献型专家和非专家的 93
语言能力。上述实验如图 4.1 所示。左边的四个圆圈代表色盲和音高实
验，用来阐释实验的概念。当"概念的证明"（proof of concept）完成后，
右边的圆圈代表在科学和技术专业相关领域首先使用这一理念，即对观

---

① 塞林格认为红绿色盲知道颜色之间的差别，因此他们已经有了颜色感知方面的可贡献型专
长，这与很多实验观点呈相反观点，因为一般说来是有了可贡献型专长才有互动型专长。这又回到
了德雷福斯和莱纳特关于身体的争论上——所谓最小的涉身性也是需要身体的：涉身性是具有二元
性质的，对玛德琳来说，它是"1"，而不是"0"。综上所述，我们把"身体"看作是连续的，并且
我们相信我们所做的实验能够证明萨克斯所描述的玛德琳以及互动型专长的情况是真实的。但如果
涉身性是二元的，那么就没有互动型专长了，因为所有的人类语言都是涉身的，符合逻辑的，那么
对我们的实验而言，即使不考虑四种控制条件和结果，也没有意义。对于哲学家而言，问题就变成：
这些实验说明了什么？如果结果不同的话，说明了什么？（Selinger, Dreyfus, and Collins, 2008）
② 实验本身比结果更重要。Harvey（1981）曾指出，量子力学中的非局域性实验为理论的发
展提供了重要支持，尽管实验结果是非决定性的。Collins（2004b）认为，尽管韦伯的实验失败了，
但他却触发了关于引力波是否能够被探测到的长期的理论争论和花费 5 亿美元的探测引力波项目的
开展。

察者作为科学家的能力进行测验。

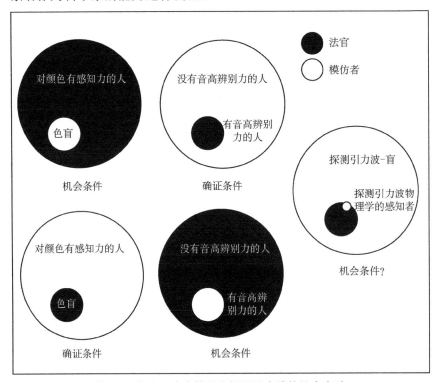

图 4.1　色盲、音高辨别和探测引力波的社会实验

　　图 4.1 中，最上面一行的左数第一个圆圈代表了我们的社会，在那里大多数人都具有颜色感知的能力（color-perceiving，CP），也就是说，他们不是色盲。只有少数人是色盲（color-blind，CB）。互动型专长的理念意味着在有颜色感知力的社会中长大的色盲尽管分辨不出颜色，也能流利地表达出与颜色感知有关的语言——尽管他们没有辨别颜色的可贡献型专长，但他们获得了颜色感知的互动型专长。因此，即便法官是有颜色感知的，但是当他把试图模仿成有颜色感知力的色盲和真的具有颜色感知力的人的语言进行比较的话，他也很难做出判断，多半得靠猜。而猜的概率就只能靠运气了。

　　左数第二个圆圈同样代表了我们的社会，其中只有少数人"对音高有感知"（pitch-perceiving，PP），也就是说他们有音高辨别力。大部分人都"没有音高辨别力"（pitch-blind，PB）。在这种情况下，理论上没有音高辨别力的人是没有办法掌握有音高辨别力的人的语言的，因为他们是在缺少对音高有感知的环境下长大的，没有形成关于音高辨别力的语言。换句话说，没有音高辨别力的人没法获得对音高有感知的语言的互动型专长。因此，如果法官是一个对音高有感知的人，他将一个没有音高辨别力而假装成有音高辨别力的人的语言和本身就是有音高辨别力的人的语言进行对比的话，就能轻而易举地发现两者间的不同了。我们用模仿游戏来验证这些假设。在图 4.1 中，白色区域代表模仿者的群体，黑色区域代表法官群体。

图 4.1 中，底部的两个圆与顶部的两个圆相似，只是黑色、白色区域的位置颠倒了。在底部的左数第一个圆圈中，有颜色感知力的人试图假扮成色盲，我们认为他肯定会失败，因为色盲的法官肯定能判断出谁是谁。在左数第二个圆圈中，有音高辨别力的人试图假扮成没有音高辨别力的人，我们想他可能会成功，因为没有音高辨别力的法官（和我们一样）没法区分他们的身份，法官只能猜，而猜的结果则是随机的。因为我们知道，在这些情况中，如果互动型专长有意义的话，结果会是怎样的，因此关于色盲和音高辨别的实验都是对"概念的证明"。

图 4.1 中最右边的圆圈代表将上述理念和实验应用在科学元勘中，属于参与式的人类学和人种学的田野调查范畴。有一个社会中的人走进了一个精英群体，试图获得互动型专长。这种精英的专长属于探测引力波的物理学。我们所处社会中的大多数成员都是"探测引力波-盲"（gravitational wave physics-blind，gwB）——他们缺少关于探测引力波的物理学的深度知识。只有少数人士是"探测引力波物理学的感知者"（gravitational wave physics perceivers，gwP）。小白圈代表"gwB"群体的一员，他进入了"gwP"的黑圈，试图在没有学习过物理学的实践情况下掌握该语言。最后一组实验描述了小圈中的人成功地掌握了他期望获得的互动型专长。这个人试图模仿探测引力波实验的物理

学家的语言，该实验就是要检验一下作为探测引力波实验的物理学家的法官是否能通过提问的方式辨别出谁是实践者，谁是有可贡献型专长的探测引力波实验的物理学家。成功是偶然性的，但如果要确证身份的话就会失败。

4.1 过程和结果：概念实验的证明

艾伦·图灵是通过图灵测试来定义机器的智能的（1950 年）：有一台隐藏的计算机和一个隐藏的人，法官通过电传打字机向两者提问。如果在五分钟的时间内，法官没有办法辨别出哪个是计算机的话，那么就可以认为计算机是有智能的。正如前面所解释的，图灵测试的灵感来源于一个室内游戏，法官写下问题让藏起来的人回答，以此判断谁是真的女人，谁是男人假扮的女人。用我们的话来说，如果藏起来的男人成功地欺骗了法官，那么就证明了他有成为女人的互动型专长，尽管不是可贡献型专长。

我们也可以把这个测试应用于测试色盲和音高辨别力上，我们用无线网络连接了三台计算机。[①]法官坐在一台计算机前，随意地输入问题，检验其他人是否有目标专长（如图 4.1 第一行的第一个圆圈所示的对颜色有感知力）。问题同时传给两个人，一个是假装对颜色有感知力的色盲，另一个是对颜色有感知力的人，他只是"自然而然地"回答问题。当两人回答问题时，答案会同时出现在法官的计算机屏幕上。法官可以任意地猜，然后给出猜的"信心水平"。法官可以随便问任何问题。测试会一直持续，直到法官认为没有什么好问的了。在我们的实验中，一般在六个问题之后，法官就没什么好问的了，尽管有的人提问的数量比

---

① 更多的实验细节会以实验手册的形式发布在网上。参见 Collins（1990：第 13 章）对法官所拥有的专长的合理性的讨论。

六个少，有的人提问的数量则会多一或两个。

4.1.1 法官

显然，如果法官有了"目标专长"（target expertise）——伪装的专长，就很容易辨别测试的参与者了。比如，在性别模仿游戏中，如果判定的结果是一个男人假扮成一个女人的话，那么法官可能是女人。如果男法官猜出里面是个女人的话，则可能是个男人"假扮"成女人，所以男人很容易猜出来。因此，在我们的实验中，如果法官猜里面的人是个对颜色有感知力的人的话，那么法官多半也是个对颜色有感知力的人；如果他猜出来里面是个色盲的话，那么法官有可能也是个色盲。

尽管，法官需要拥有目标专长，这值得注意。他得要"知道他者在说什么"。如果法官不知道他者在说什么，仅凭借对谈话的内容做技术性分析，就轻易地判断谁是专家、谁不是的话，那么就很容易造成向上判定。这意味着盲目自信。基于上述原因，我们对法官所拥有的目标专长进行了测试——我们称为实验的第 3 阶段——并将结果公布如下。

4.1.2 机会与确证条件及其结果

我们把我们不要求法官能够对结果做出身份确证的情况叫作机会条件（chance condition）；我们把我们希望法官能够做出身份确证的情况叫作确证条件（identify condition）。表 4.1 用文字形式表达了图 4.1 左边圆圈所表征的内容。

表 4.1 社会化实验的预期结果

类型	伪装者是		目标专长	预期结果
A	色盲	模仿	对颜色有感知力的人	机会型
B	对颜色有感知力的人	模仿	色盲	确证型
C	有音高辨别力的人	模仿	无音高辨别力的人	机会型
D	无音高辨别力的人	模仿	有音高辨别力的人	确证型

97　　我们对于色盲和音高辨别实验有四种有关机会型和确证型的实验配置。

如果在机会条件下，猜的效果倒不如随机选择的效果好，但在识别条件下正相反的话，那么就印证了强互动型假设——可以把它们看作"控制组"（control group）。在确证条件下猜对的概率大于机会条件的话，就印证了互动型专长的理念。

4.1.3　信心水平

我们要求法官们在每次猜完之后把他们的信心分成四层记录下来。

（1）第一层："我不知道谁是谁。"

（2）第二层："我大概知道谁是谁——但还不太确定。"

（3）第三层："我非常能确定谁是谁——肯定大过于否定。"

（4）第四层："我敢肯定就是他。"

在下述对结果的描述中，我们将法官的猜测按照如下方式进行分组：对所有信心水平在（3）和（4）的猜测结果来说，要么就猜对了，要么就猜错了。所有信心水平在（1）和（2）的猜测结果还有弃权，都有很大不确定性。①

当法官改变他们的信心水平的话，就要做出说明。整个过程被记录了下来。

4.2　结　　果

实验分两个"阶段"。在"第一阶段"，我们总共进行了 24 次测试，总结了大致四种可能情况。无论是色盲实验还是音高辨别实验都支持

---

① 如果我们用对错分析法而不用信心水平的划分方式来分析的话，差别不大。

这种假设：在确证条件下猜对的次数大于机会条件。然而，由于得到的结果数很少，只有当我们将所有 24 个随机变量组合成两个组——机会条件和确证条件，才能达到统计显著性水平（在费舍尔的实验中 $p=0.05$）。[1]我们发现，在机会条件下，法官在 13 次的判断机会中做出了 4 次正确判断（高信心水平）；在确证条件下，他们 11 次中 8。 　98

　　然后，我们进入了实验的"第二阶段"。在这一阶段上没有法官和参与者之间的互动了。取而代之的是我们把记录下来的对话用电子邮件的形式发给有目标专长的新法官，之后让他做出判断。我们描述了这个过程：在第一阶段，实验的询问者和法官是一个人；在第二阶段，法官就不再扮演询问者的角色。在第二阶段，相同的对话可以发给很多法官，每个法官都能看到很多对话。结果，两种模式的结果都支持了同一假设。这一阶段的结果是：在机会条件下，猜了 57 次对了 5 次（高信心水平）；在确证条件下，猜 15 中 8。[2]结果如图 4.2 所示，其显示了在第一和第 　99 二阶段中不同模式猜错（顶部）、不确定（中间）和猜对（底部）的比例，并标注了其次数。

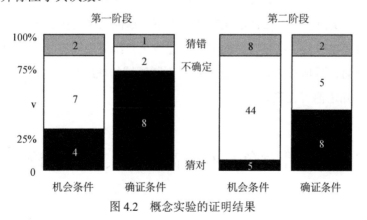

图 4.2　概念实验的证明结果

---

① 为了重复费舍尔的实验，我们要做一个四格表，把猜错的和不确定的答案与猜对的答案进行比对。

② 确证条件完成起来很困难，因为需要有两组专业团队——因此确证条件很难实现。

同第一阶段一样，当把第二阶段的两种条件相对比时，两种条件之间的差异具有统计学意义（在费舍尔的实验中 $p=0.028$）。[1]当把第一阶段和第二阶段的结果相结合时，结果的可能性是 $p=0.000$（费舍尔的实验）。

因此，我们就证明了互动型专长的存在：色盲很容易就赢了那些对颜色有感知力的人，因为他们一直沉浸在关于颜色的语言环境中。而缺少音高辨别力的人却会输给有音高辨别力的人，因为他们缺少语言沉浸。

第三阶段：法官要知道他者在说什么。

对于上述结果还有另外一种解释：区别在于法官而不在于参与者。所有的法官都有目标专长，这就意味着他们能在不同的环境下做出判断。与有"正常"能力的人相比，色盲或音高辨别力的案例会触发人们的思考（比如发展出更强的反应能力）。即便是这样，在确证条件下做出的判断也比在机会条件下做出的判断好。也就是说，决定法官专长的并不在于他们对领域内所涉知识的掌握程度，而在于他们的反应能力。如果区别真的在于反应能力而不是知识的话，那么不管法官的判断对象是谁，他都能胜任。

为了验证这一点，我们让四名在机会条件下获得成功的法官重新进行了 18 次问答。事实证明在新的条件下，这四名法官的判断力和在机会条件下的一样。这强有力地证明了造成实验结果之间差异的原因并不在于法官的反应技能，而取决于对所判断领域的理解程度。总之，好的法官"知道他者在说什么"。

4.3　针对色盲和音高辨别实验的结论

实验的一个显著特点是在机会条件下，法官很难做出正确的判断。在第二阶段结果的随机性表现得特别突出，如表 4.2 所示，它给

---

① 　在第二阶段中不同模式都具有统计显著性。

出了在不同的信心水平下的机会条件中获得的所有结果（"0"表示"没猜"）。

在表 4.2 中，减号表示猜错了，加号表示猜对了，而"0"表示弃权——数字代表信心水平。表中的行表示不同的法官对同一对话的判断，而列则表示单个法官对不同对话的判断。只要顺着行和列往下看就能看出在机会条件下判断的随机性。这表明在模仿游戏中色盲很容易假扮成对颜色有感知力的人，而有音高辨别力的人会比没有音高辨别力的人表现得更好。这说明对于一个没有可贡献型专长的人来说，只要他沉浸在可贡献型专长的共同体中一段时间，他就能获得相应的互动型专长，至少他能在一个较高的水平上通过模仿游戏——证明了强互动型假设。与确证条件下的结果相对比，表明且强调了在缺少可贡献型专长的条件下、缺少这种经验很难获得互动型专长。

表 4.2　第二阶段在机会条件下猜

法官		1	2	3	4	5	
色盲对话	1	−1	+1	+2	−2	+1	
	2	−2	0	−3	−2	−2	
	3		+1	−2	−2	+2	
	4	+2		+2	0	+2	
	5	0	+1			+2	
	6	−2	0	+2	0		
	7	+2	−1	+1	+2	−3	
	8	−2	+2		−3	+2	
法官		6	7	8	9	10	11
音高辨别对话	1		−3	0	0	0	−3
	2	−2	+3		0	0	−3
	3	+1	+4			0	−4
	4	−1	+3	+1			+4
	5	+3	−3	+1	−2	0	

法官的理性

101

实验的参与者们认为，法官做出这样的决策是基于"正确的理性"（the right kind of reasons），尽管我们要求就此给予说明，但却很少有人说得清。这是因为法官们总是倾向根据他们的第一印象和感觉来做决策，而这通常是通过提问获得一些小线索得来的。如前所述，可以把法官的信心水平分为四个等级。下面五个范例代表法官在高信心水平下进行判定的情况。前三例取自第一阶段实验，参与实验的人都记下了法官说的话；后两例取自第二阶段实验，法官们自己写评语。在这些情况下，读者们都可以思考一下他们是否能做出正确的判断，以及他们的知觉能力在其间发挥了怎样的作用（为了阅读方便起见，我们对语法和拼写做出了一些更正。）

1. 有音高辨别力的法官在信心水平 4 上猜对了

问题 3：你如何在嘈杂的房间里辨别出那个声音？

参与者 A：通过听他的音高，当然也和他的声音大小有关。

参与者 B：用心听声音。

问题 4：你是用乐谱记录，还是光凭耳朵听？

参与者 A：用耳朵。

参与者 B：用乐谱，可能。

这里，法官认为只有有音高辨别力的人才能用音高来辨别声音，而通过问题 4 已经可以明确谁是有音高辨别力的人了。可以看到，没有音高辨别力的人不知道那些有音高辨别力的人所知道的事，在回答问题时就很容易跌入法官设置的陷阱。

2. 有音高辨别力的法官在信心水平 3 上猜对了

问题 3：你有辨别音高的技能吗？你有没有想过不想拥有这项技能？你能给我举一个和音高类似的例子吗？

102

参与者 A：音高辨别力是一种有用的技能，虽然有时候有点烦。我听得多了，所以能够模仿。我举一个音高的例子就是计算机——我知道它启动后的每个"音符"。

参与者 B：我不得不说，随着我对更多的音乐"风格"

的掌握，它的作用也越来越弱化。当我唱比较传统的歌时，
它是有用的，但这几年我开始对另类一点的歌曲感兴趣。我
不知道怎么举音高类似的"例子"。音高就是音高。

显然，这里法官提到的听音是个线索，特别是说它有点烦，但是 B
却没有理解这个问题。

　　3.色盲法官猜对了，在回答这些问题时达到了信心水平 3
　　问题 3：买衣服的时候，领带怎样搭配衬衫或夹克？
　　参与者 A：它们有固定搭配。
　　参与者 B：我从来没买过领带。
　　问题 4：如果没有领带，裤子和衬衫怎么搭配？
　　参与者 A：我就是看商场里的模特是怎么搭配的。
　　参与者 B：就是跟着感觉走。不然，就问我女朋友。有
些颜色是我喜欢的，比如红色，它们一般和黑色搭配。
　　问题 5：色盲带来的烦恼是什么？
　　参与者 A：是通过实验！当别人在谈论颜色时，我不知
道他们在说什么，也插不上话。
　　参与者 B：我以前在学校时画过一只绿色的松鼠——太
尴尬了！其他没什么。

这里，法官认为 A 关于衣服搭配的回答不合理。因为他自己也有过
用错误的颜色画画的尴尬经历。

　　4. 色盲法官在信心水平 3 上猜对了　　　　　　　　　　*103*
　　问题 2：你认为最难辨认的颜色是哪个？
　　参与者 A：原色——红、绿、黄。
　　参与者 B：绿色和棕色吧，还有些其他颜色也不好辨认。
　　法官的评论：参与者 A 说"原色"不好辨认，但是根据
我的经验，是颜色的深浅最难辨认；还有，为什么是红色、
绿色和黄色不好辨认？！

通过这个评论我们可以看到，法官之所以能猜对是因为色盲的经历是伪装不出来的，那些伪装者并不知道色盲在生活中会遇到哪些问题。这与色盲能够说出对颜色有感知力的人的经验刚好相反。

5. 色盲法官在信心水平 4 上猜对了

问题 2：你认为色盲面对的主要问题是什么？

参与者 A：在很多方面都有困难——对一些很简单的事而言，比如开会时找出有颜色的纸，还有有些东西是享受不到的——比如我感受不到电影所带来的愉悦，就因为我没有办法和别人一样分辨颜色，还有像逛街等也是一样。

参与者 B：区分颜色的深浅——会让生活变得有点困难/有趣——衣服、装饰等方面的色彩搭配。显然，如果颜色识别能力存在障碍的话，会给我的职业/休闲方式带来影响。

法官的评论：……对于上述问题，B 的答案和我是一样的……对我来说，有些正常人对色盲的理解有点奇怪：就好像 A 说的 "我不能欣赏电影"。这种说法很奇怪，因为我不知道颜色是什么样的，所以我当然不会知道它会对我的生活产生什么影响，尽管别人认为这影响到我了。

这再一次证明了有颜色感知力的人不能复制色盲的经验——比如，欣赏电影——说明他们无法伪装成色盲。

4.4　互动型专长和科学

我们"已经证明"了互动型专长及其与沉浸在语言共同体中的关系，本书的作者之一也经历了相似的过程，他为了获得互动型专长，花费了数年时间和探测引力波的物理学家待在一起。

该实验如图 4.1 中右边圆圈所示。大圆代表我们——"探测引力波-盲"（gwB）。其中的黑圈代表少数探测引力波实验的物理学家，我们把他们叫作"探测引力波物理学的感知者"（gwP）。那个很小的小白圈代表柯林斯对于探测引力波物理学的感知者的语言共同体的长期调查。柯林斯花了很长时间才获得了关于探测引力波实验的互动型专长。[①]这里我们没有办法给出统计的显著性，但是我们可以描述出法官的推理过程。因此，尽管涉及定量因素，但是，它是一种定性研究。

这个实验形式比我们上面所描述的概念实验简单。通过邮件的形式向实验的参与者发送了七封关于探测引力波实验的邮件。首先，问题是由了解实验目的的探测引力波的物理学家设置的。柯林斯作为实验的被调查者要在没有相关的可供参考的资料前提下根据自己的知识储备回答问题。柯林斯和另一位引力波物理学家的答案一起提交给作为法官的其他引力波物理学家去评判。法官要通过问卷来判断他们的学术专长和经验。这属于实验的"第二阶段"，问题的设置与对答案的判断是分开的。法官要独立做出判断，同时就像在概念实验中证明的那样，要在四个不同的标准范围内给出他们的信心水平。如果可能的话，他们还要说出他们为什么会做出这样的选择。问题与回答如表 4.3 所示。

105

表 4.3 关于探测引力波的问答

探测引力波的模仿游戏	
Q2）球形共振质量探测器是否对所有来自天空的辐射都同样敏感？	
A2）是的，不像共振棒探测器仅对垂直方向的引力辐射敏感	B2）是的
Q3）假设有引力波经过，共振棒发生了振动，那么干涉镜会同时在平均位置上振动吗？（必须在相关频率内振动，这是很重要的）	
A3）共振棒会振动，但是干涉镜并不会振动	B3）共振棒会振动；干涉镜会跟随引力波实时振动
Q5）一位理论学家告诉你，她创造了一种理论，用引力波代替粒子的运行轨迹，这样虽然运行轨迹保持不变，但会上下振动。用激光干涉仪能测量到这种结果吗？	

---

① 柯林斯自 1975 年起开始这个领域的社会学研究，1995—2005 年的访问特别密集。

探测引力波的模仿游戏	
A5）可以，但是你要分析两臂的总张力，而不是单个的张力。事实上并不需要用两个干涉臂来探测引力波，只要你能准确地测量出光沿着一条臂的往返时间，就能测到臂长的微小变化	B5）这取决于探测源。如果探测源位于两条干涉臂中心的平面上，就测不到信号。反之，能测到信号，当探测源上沿着一条或两条探测臂发射，测到的信号最大
Q6）假设在干涉仪的镜上存在（电）量相同但极性相反的电荷，那么，用干涉仪来测量电波和测量引力波的结果一样吗？	
A6）原则上你可以探测到电磁波，但效果与引力波不同。原因是引力波不同于电磁波，它是四极形变。电磁波只会改变一个臂上的距离，但是引力波会改变两个臂上的距离（用相反的方式），所以电磁波的信号强度是引力波的一半	B6）引力波会改变时空的形状，而电磁波不会，所以无线电波干涉仪只能模仿引力波的效果，制造不出来。然而，电磁波会产生噪音，让人误以为是引力波

　　这场较量的结果是法官无法将柯林斯和另一位探测引力波的物理学家区别开来。如果分别在高信任水平［水平（3）和（4）］和低信任水平［水平（1）和（2）］上来猜对和错的话，我们发现9个法官中有2个把柯林斯当作探测引力波的物理学家，而另外7个的答案是不确定。①得出这样的结果是因为柯林斯的回答没有任何技术漏洞。那么，根据实验结果可以看出，柯林斯已经具备了互动型专长。（在继续读下去之前，读者们可以自己猜一猜谁是谁。）

　　可以把法官给出的理由分为两类。首先，根据答案的技术内容。柯林斯的回答在技术内容上与探测引力波实验的物理学家明显不同。其次，回答的风格。就技术内容上的差异而言，柯林斯的回答是来源于实践思考，而探测引力波的物理学家的回答更多的是来源于理论或从书本上看到的。因为，比如碰到表4.3中的第5个问题，柯林斯以前没有碰到过这个问题，所以他只能自己去想。因此，他的脑中没有"标准答案"（尽管他一看就想到了）。另外，柯林斯的答案在目前的探测器以及未来可预见的探测器身上得到了印证；而来自探测引力波的物理学家那里的"理论化"的答案，目前尚未得到印证。这种情况就如一位法官所说："[X]的回答更好。[Y]的答案也没错，但不符合实际。" 重要的是，在这样

---

　　① 不考虑信心水平的话，有七名法官认为柯林斯是探测引力波的物理学家，一名选择正确，另一名无法判断。

一种对技术性要求很高（也很烧脑）的实验中，柯林斯的答案通过了技术测试，因此，就当代探测引力波的物理学实践而言，它们具有实在性。下面是法官更倾向柯林斯胜的答案的理由。

> 我发现虽然［Z］的答案也没错，但我更倾向［W］。如果你告诉我这是来自两位专家的对照试验的话，我一点也不惊讶。
>
> ［P］的回答好像是从书上找的答案。［Q］的答案是经过思考的。

107

有一些法官以及所有法官在谈到某些问题时都认为，单从技术内容上来分析，他们无法做出判断。在这种情况下，他们主要看风格，他们更偏爱柯林斯的叙述风格，因为他的回答都很简短，不拖泥带水——让人觉得他比另外一个科学家还像科学家。①

与此"对照"，我们试着让不是探测引力波的物理学家的人来当法官，除了一个人是其他领域的科学家之外，其余七个人都是社会科学和哲学学者。还是在最高的两层信心水平上猜对或错，有两名非专业的法官猜出了探测引力波的物理学家，一个人选了柯林斯，还有五人无法判断。如果我们忽略信心水平的话，那么这些法官胜利了，其中的五人猜对了，两人猜错了，还有一个人弃权。毫无疑问，对推理的检验表明这完全是依照风格来判断的，在这种情况下，法官倾向认为叙述风格在技术上越"文本化"，给出答案的可信度越高。这在两名做出错误判断的法官的叙述中可见一斑，他们更倾向柯林斯。

> J11：我对答案中所涉及的细节一无所知，对这个领域不了解。我认为［柯林斯］更有说服力，因为看上去他/她认为没有必要非要按照书上的风格来回答。因此，我并不认为［柯林斯］是在证明自己的专业性，因为他可能认为这根本不是

---

① 柯林斯是参与者B。

问题。

J12：我的猜测是基于一系列证据，并不是针对哪个问题。对我而言，［科学家］的回答显得很博学、很"科学/专业"。而我则怀疑实际上专家们是用一种很自然的方式［就像柯林斯的回答一样］来交流以此分享背景知识的。我还意识到，我对单个问题的判断是如何与我的整体判断是一致的。当然，不同的个体的行为方式不同——资深的科学家给出的答案可能和资历浅的科学家不同。

结合色盲和音高辨别实验中对法官的考察可以发现，有时答案很长被看作谎言，有时答案很短也被看作谎言，这里我们的研究像是针对模仿游戏的决策制定的民俗学方法论（ethnomethodology）。

为了更深入地了解实验"情况"，我们又再次进行了实验。埃文斯通过阅读柯林斯的论文以及数年和柯林斯的交流，还有组织这些实验，掌握了探测引力波科学的啤酒杯垫知识和公众理解。然而，当其处于柯林斯的位置重复上述实验时，埃文斯却失败了。他假扮成探测引力波的物理学家的企图未获成功，他不能创造性地使用他的知识。他所掌握的探测引力波的物理学只是"信息"，而不是互动型专长。①

我们还请了其他专业的物理学家来冒充探测引力波的物理学家，但他们也很容易被识破，因为他们犯了技术错误，或者是在他们的技术知识上表现出了明显的裂痕。柯林斯还尝试着扮演询问者和法官的角色，然后他发现他可以用自己和其他探测引力波的科学家提出的问题来区分谁才是探测引力波的科学家，谁不是探测引力波的专家或埃文斯；基于非专业人士在答案中存在明显的技术错误或缺陷，他可以在信心水平（4）上做出判断，一次失误都没有。②从事相似领域研究的物理学家（天

① 埃文斯所拥有的探测引力波的物理学知识属于专长元素周期表中第三行最左边的专长类型。

② 最后一次实验测试次数很少，只测试了两次——但是技术漏洞和差异太过明显，因此没有继续的必要。

参加科学社会学研究学会 2005 年会议的学者们（很多都有科学背景）也都被邀请对探测引力波的专家和非此领域的专家做出判断。20 个人中有 8 个猜对了（高信任水平）、2 个猜错了、10 个不确定。（未加权的结果时 12 个猜对了、7 个错了、1 个弃权。）同样，推理的依据是基于回答的风格，而不是内容。

体物理学家、天文学家和相对论者）没有通过模仿游戏的测试的这个事
实是值得深思的，如果专家们"知道他者在说什么"情况就会好很多。　*109*
这一结果提醒我们注意到在公共生活中，"科学家们"经常在远离其专
业的领域的其他问题上被视作专家。

　　我们想说明的是只通过一个简单的实验，涉及少量的知识就能发现
并分离出互动型专长。我们还想说明的是通过这种方式获得的互动型专
长更像是色盲的互动型专长，而不是主渠道知识。现在，我们距离证明
强互动型假设又近了一步。

数学的角色

　　在探测引力波的模仿游戏中要求尽量避免涉及数学。如果需要计算
或运用代数运算来回答问题的话，柯林斯就没有机会通过测试了。禁止
涉及数学问题对于实验本身影响并不大，因为在科学家的日常学术讨论
中其实很少会谈到数学。数学是物理科学的组成部分，但只是因为实验
是完整的。实验不是靠物理学家们坐下来聊聊物理问题就能完成的，做
决策靠的也不是数学。物理学家们不会在午餐的时候讨论物理中的数学
问题，只有在课题论证的时候才会用到，因为课题的评审委员会多是由
一群对该领域不甚了解的科学家组成的，他们是以数学或运算能力来检
验这些物理学家的水平的。比如，要决定是否对新研发的引力波探测器
进行资助，就要知道它在不同方向上的灵敏度：它是只能测到天空中的
某一范围的波还是能测到来自四面八方的波？对其敏感度的测算是一
个数学问题，这种分析和计算只能由具有可贡献型专长的人来完成，但
是如果要理解那些计算结果，并了解它们对天文学的重要性的话，就不
需要重复计算，只要知道人们是否接受这个结果就行了。鉴于此，有的
物理学家在工作中根本不用数学推导就不足为奇了。最适合的模式就是
分工合作，让一些物理学家替代他们做高难度的数学推导。因此，像在　*110*

物理这样的科学中获得互动型专长，并不需要数学交流。[①]

4.5 结 论

　　色盲和音高辨别实验揭示了语言社会化在极端或"理想"的情况下所发挥的作用。它们证明了法官做出正确的判断是建立在默会理解而非命题性知识的基础上的，这些实验帮助我们确立了互动型专长的理念。它们验证了语言的社会化比德雷福斯从哲学角度提出的涉身性所发挥的作用更大。除此之外，这些实验间接证明了参与了实验讨论的观察者的方法论主张。要进一步加深对这种哲学观点的讨论，就要区分法官在模仿游戏中所使用的不同线索。有些线索用到的是"一般知识"（general knowledge）。比如，任何一个对颜色有感知力的人读过这一章都会知道，伪装成色盲的一个方法就是编一个故事，说某人在上学的时候在画某些熟悉的物体时用了错误的颜色。这种命题性知识可以很容易地通过编码输入到机器中，比如莱纳特的 CYC 项目、塞尔的中文屋，或者想象一幅场景即把潜在的对话涉及的知识转化成另一种语言形式。它们代表的是专长的元素周期表中专家的专长的左边部分的知识。

　　接下来要讨论的是社会化的默会部分。一种进路是让伪装者"修复"他和法官进行语言交流时露出破绽的地方。就图灵测试本身而言，有人认为假装成人类的计算机可能要如本章结尾所描述的"编辑测试"（editing test）那样编辑文字。要做这样的修复就要区分被测验者的知识的形成化方面和默会的语言能力。

111　　我们希望能够在不同的领域中推进模仿游戏，这样就可以找出不同的专长之间的差别了。比如说可以用类似编辑测试来区分拥有啤酒杯垫

---

① 这种观点在 Collins（2008）中有更翔实的经验证实。一位不愿透露姓名的读者问了一个非常有趣的问题："物理学家在设置哲学问题时如何知道哪些是合理的，哪些是不合理的？"这个问题很值得研究。

知识和主渠道知识以及拥有互动型专长的人之间的差别。

4.6　尾声：编辑测试

（经麻省理工学院出版社许可，转载自柯林斯 1996 年的论文，第 318-320 页）

为了使社会化的概念更加具体，我认为可以设置一个……简化版"图灵测试"。分析表明，对于计算机来说完成本测试的困难在于理解输入错误或拼写错误。换句话说，困难在于子编辑（subediting）。[1]来看一下下面需要编辑的段落。

> 玛丽：下面我想让你拼写一个代表宗教仪式的词。
>
> 约翰：你是说仪式。要我念出来吗？
>
> 玛丽：不，我想让你写下来。
>
> 约翰：我累了。你就知道让我写，写，写。
>
> 玛丽：这不公平，我就是要让你写，写，写。
>
> 约翰：好吧，我写，我写。
>
> 玛丽：快写。

我们认为我们不需要什么知识储备，也不需要长期"训练"，就能纠正这段话中的错误。甚至我们认为即便出错了，我们也能很快纠正过来，但事实上这是不可能的，因为对于不熟悉的人来说这就是一个新问题，而我们就是要看看他们在面对这些问题时将会做怎样的反应。尽管如此，我们通常会在第一次接触此问题时就给出一个适合的版本。我们能做出适当的反应——但也存在多种可能性——会随着时间和地点的变化而变化。随着社会的变化，正确地使用语言的方式也在变化，这不足为奇。成功的子编辑能力并不取决于规则的学习，而是要成为社会的一员。

112

---

① 感谢巴特·西蒙（Bart Simon）提供了这段文本，参见 Collins（1996b：318-320）。

我认为社会化测验所比较的是经过完全的社会化的社会成员和那些可能有、可能没有经过社会化的人的能力。如果要将这项测试付诸实践的话，法官必须是社会成员，在不知道哪些话是经过某人编辑过的前提下做出判断。就像图灵测试一样，用此测试去判定社会成员和非社会成员的能力是一个概率问题，而不是一个确定性问题。（值得注意的是，文中上一段话所涉及字符长度——有 300 个字符——其中包括"我不能纠正"这句话，涉及 10^{600} 个条目，而宇宙中的粒子数也不过是 10^{125}。当然，实际上可能需要修改的段落并不多，但仍超越了该方法的适用范围。）

编辑测试比图灵测试简单得多，同时它也是测试计算机与人的互动能力的一个更好的实验。和图灵测试一样，它是一个物体或人模仿另一个物体或人的行为能力的一般性测试。

第 5 章　新的划界标准

　　本章我们要回到一个更广阔的问题上来：谁有资格对公众领域的技术争论做出贡献？显然，进入 21 世纪，公众应该在上述争论中做出贡献。公众有做出贡献的政治权利，缺少了公众的贡献，技术的发展将会受到质疑，甚至是抵制。这就是所谓的合理性问题。但是，在过去的几十年中，社会科学家给予了合理性问题过多的关注，却忽略了其他问题。如前所述，我们致力于对广延性问题的研究。所谓广延性问题，涉及我们如何为公众在技术争论中技术层面的合法贡献设定边界。

　　我们首先从对常识性问题的讨论开始：只有那些"知道他者在说什么"的人才能够为技术争论做出贡献。需要重申的是，有两种解决进路：一方面，保守的做法是限制技术争论的技术层面的参与度；另一方面，更民主的做法是承认那些"知道他者在说什么"的基于经验的专家的早期不被承认的贡献。这样就为韦恩所描述的牧羊人以及爱泼斯坦所描述的艾滋病患者打开了一扇门，也为那些拥有互动型专长的人和拥有专长的元素周期表上所列的其他专长的人打开了一扇门。这样一来，正统的科学训练和认证就不再是衡量贡献权力大小的关键——甚至不是技术争论的技术层面的关键。技术专家的范围比民间智慧的范围要窄。在某些方面，甚至比旧的科学专制模式涉及的范围更窄，即只有科学家才有资格谈论技术论题——只有我们所谓的专家才能发言。另一方面，相较于传统的权威模型，专家的概念域更广，不管是否经过科学训练或得到认证，只要他有相关领域的经验都应当被列入专家的行列。

　　本书的大部分篇幅都在解释"知道他者在说什么"的含义。我们的努力主要集中在专长及其类型的界定上。我们专门讨论了互动型专长，除了因为其本身的重要性外，还有一个原因是之前没有人反思过此领域。我们关于互动型专长的哲学讨论和实验仅是一个开始。我们和其他人正在计划围绕此论题跟进更多实验，其他学者批判性地研究了互动型专长理念及其实验的显著性。①换句话说，本书对互动型专长的研究只是理解这个概念的开始。此外，这里对互动型专长的分析和实验只是一个"示范项目"（demonstrator project）。需要对每一类专长进行类似的或更深入的分析和研究。

　　我们解决广延性问题的途径就是理解专长的本性。如果我们的目标完成了，我们的分类得到了认可，这种分类方式令人满意地落实到决策层面，就意味着这项工作还有很长的路要走。因为专长需要练习。因为从看手相到玩流行音乐，社会群体的所有活动都需要专家参与。某人不但要清楚自己在说什么，也要知道他者在说什么，*如何平衡*不同的理解方式，但如果所讨论的事情本身是有问题的话，那么就没有必要讨论下去了。坦率地说，我们认为要解决科学中的技术争论，首先要了解西方科学，但"西方科学"的内涵究竟指什么。前面章节以及专长的元素周期表已经阐释了"知道"（know）的内容。在本章中，我们试图把科学和技术同其他文化形态区分开。换句话说，我们要对划界问题予以回应。

5.1　区分科学与非科学

　　划界问题是一个哲学问题。现存的所有区分科学与非科学的努力似乎都存在逻辑缺陷。比如，可以说科学是以事实为依据的，这种观点是可以被证明（或复制）的，然而逻辑实证主义（及近来的科学元勘工作）

---

① 初稿和引用文献参见 www.cf.ac.uk/socsi/expertise，更深入研究参见 Collins（2008）。

的衰落证明了判决性证据（decisive proof）是不可能存在的（实验复制的有效性还有待商榷）。卡尔·波普尔认为，判决性证据不是关键，关键在于对判决性证据的反驳：一个假设只有在能够被证伪的前提下才能成立，才是科学的。拉卡托斯认为，证明真和证明假一样困难，从而揭示了这个缺陷。重要的是，尽管划界标准在哲学上很难成立，但它仍然是一个很好的论证工具，它描述了一般意义上的科学的工作。

　　问题在于从哲学的层面来思考，划界标准的缺陷反映出了我们对诸如科学这样的社会行动的理解存在误解。维特根斯坦曾经说过不可能给"游戏"这个概念一个清楚的界定。尽管如此，我们依然能够知道什么是游戏、什么不是游戏，但为什么对科学而言就不同呢？同游戏一样，科学也需要在其所属的社会中得到认可，因此，"认识"（recognizing）和"定义规则"（defining an exhaustive set of rules for）是不一样的。只有撇开建立一套超越时空的、普遍的标准的雄心我们才能明确当今科学之含义。在本章中，我们将试着去界定科学。我们试着建构一套严格的划界标准，但必须承认与逻辑标准相比，它是存在缺陷的。首先，我们试着区分科学与艺术（art）；其次，区分科学与政治；第三，区分科学与伪科学。在完成了上述工作后，我们再回过头来讨论在解决广延性问题时专长所发挥的作用。

5.1.1　形成意向性

　　在建构新的划界标准之前，我们首先要讨论一下关于意向性的问题。在哲学中，意向性概念是一个饱受争议的概念，因为"知道"的状态是很难尽述的。鉴于意向性的私人性，我们如何可靠地认识它？

　　从既有的法律体系来说，很难证明意向性。法院用一种复杂的抗辩体系去对付意向性，并制定了一个严格的时间表以便能够按时终结辩论，但法院仍然会出错。幸运的是，这不是我们的问题。这里，我们只讨论"形成意向性"（formative intentions），这与哲学和法院所讨论的意

116

向性有很大不同（Collins and Kusch，1998）。法院必须在特定的时间确定某人的心理状态——一种"意向表征"（intention token）。形成意向性是行动者可以在生活形式中获取的意向性，并同时成为生活形式的一部分，而并不是某人在某个特殊的时间和地点上的意向性，那是"意向表征"。

形成意向性是公共的，因为它们具有集体而非个体属性：任何享有生活形式的人都有形成意向性。比如说，对 21 世纪初期的英国人来说，跳探戈是为了获得拉丁美洲舞蹈奖，而不是为求雨。本书的读者都了解这一点，无须哲学或法律来证实。这并不是说英国人不可以通过跳探戈来求雨，而只是说他们的意图不属于英国的生活方式，因此我们担心的并不是这些，我们在意的是生活形式。我们关心的是有关社会生活的表述，而并不是对传记或对法律条款的解释抑或是否有罪的判定。我们关心的是作为西方科学的生活形式的不可分割的一部分的形成意向性。我们之所以能够辨别它们，因为我们也分享这种生活形式。当我们把事物排除在科学之外时，我们考虑的是被排斥群体的形成意向性，而不是某些个体的意向表征。

然而，这种研究进路还有待完善，因为有很多非科学因素涉入了我们所描述的意向性立场中。而另一方面，几乎所有科学均无不持有这种意向性立场。于是，我们从一个必要但不充分的科学定义标准开始讨论。对于这个讨论来说，起点很重要。

5.1.2　科学与艺术

让我们先来想想科学与某些前卫艺术如抽象艺术和某些离奇的文学作品以及古怪的音乐等之间的差别。①对大多数人而言，这类艺术的特点在于它们不是用来传递信息的，而是要得到意想不到的效果。

---

　　①　这种观点最初是柯林斯在卡迪夫千禧年的"划界的社会"（Demarcation Socialised）会议上提出的。

比如说日内瓦现代与当代艺术博物馆（Musée D'Art Moderne et Contemporain，MAMCO）的网站上说："MAMCO 的主旨在于促使人们重新思考他们对'当代艺术'和'博物馆'的理解。"①这里，形成意向性一目了然。

我们把这种激发情感的实体——能激起人们对于事物的全新的认识——叫作"前卫艺术"。现在让我们把这种意向立场与科学对比一下。对发表在科学期刊上的论文而言，必须向读者们尽可能清晰地表达论文的思想或观点——普遍的解释（the universal interpretation）。乍看起来，如果读者和作者的观点不同的话，要么是读者错了，要么是作者错了。

这并不是说读者*能*完全了解作者的意图——我们知道在科学中，从某种程度上来说，"作者死了"（the author is dead）。因为我们都知道有"解释的灵活性"（interpretative flexibility）*存在*。也就是说，一旦一篇论文从它的作者的手中流传出来，那么从某种程度上说如何评价这篇论文，决定权在于读者。在科学中，这种现象已经在同行评议的过程中被制度化了，即默顿所说的"有组织的怀疑"（organised scepticism）。尽管如此，这里我们只讨论科学家-作者和科学家-读者*所要做*的过程，而不讨论他们实现目标的能力如何。我们可以看到在某种程度上科学存在的意义就在于科学家-作者必须尽可能地使论文明晰，能够使科学论文的读者尽可能地了解作者的意图，而对于读者来说，他们要尽量地从作者的立场出发去理解作者所要表达的观点，尽管他们可能会在理解之后对这种观点持一种批评的态度。有人可能会说，解释的模糊性是写作的*内在因素*，对科学而言它也不是*外在的*——这不是作者或读者想要看到的。②

现在我们回到关于前卫艺术的话题上来，结果*可能*是不一样的。即便"读者"所领悟到的是和创作者完全不同的东西也没问题。相反，越能启发读者越好。

然而，在两种不同的生活形式下，用专长进行判断所产生的歧义是有

118

---

① http：//karaart.com/swissart/museums/mamco/index.html.
② 外在和内在的区分，最早见于 Collins 和 Evans（2002）。

意义的。对此，我们早期的一篇关于专长的评论文章是很重要的（Collins and Evans，2002）。①我们对科学进行评价，就好像让我们对特雷西·艾敏（Tracy Emin）于 1999 年在伦敦泰特美术馆（Tate Gallery）展出的著名的前卫艺术品"床"所表达的主题进行评价一样。有一句反问句值得关注：

> 没有人能在缺少训练的情况下在美术馆……"胜任的"［被判定］展出作品。所以说，难道只有他们才能对艺术品头论足？

119　　　　除此之外，这位评论员还将精英法官和公众进行了对比，强调更广泛的群体有获得合法的和相应的意见的权利。这种观点易于被接受，因为面对"床"这个作品，很多人都有话要说。但重要的是被看作精英的评价者是那些"经过正统绘画培训"的人。与艺术的创造者相比，这些评价画的专家观察者也应当享有精英专长的合法地位。所以，对比艺术中的情况，那些批评仅把知识的生产看成是科学的观点进而批评科学缺乏民主的观点是有实质性意义的。表明在科学与艺术中，关于"合理解释的重心"（locus of legitimate interpretation）是不同的。用我们的话来说，在艺术领域，关于谁有资格来评价艺术是横亘在有互动型专长的人和普通人之间进行的一场较量，而艺术家——有可贡献型专长的人——"不知道去哪儿了"（nowhere in sight）。而在科学中，则是有可贡献型专长的人和其他人之间的博弈。

　　艺术是用来消费的，因此前卫艺术的解释是合理的。对精英的评价，是由有特殊眼光或经验的人凭借其专长做出的，而这种专长——是消费的专长——不是制造的专长。

　　对民间智慧而言——公众是最后的观众——在艺术中出现的比例比在科学中要高。说"我不太懂科学，但我知道我喜欢什么"听起来比"我不太懂艺术，但我知道我喜欢什么"更可笑。对艺术而言，我们倾向站在有经验的观众，而不是站在消费的公众一边；但外行和受过训练的评论员之间的区别是显然的。对科学而言，它不是消费品，它是真理，

_____

① 下一段也来自这篇文章。史蒂夫·伊尔雷（Steven Yearley）也是作者之一。

这就意味着如果我们要保持我们对科学的理解，就应当降低观众对于科学意义的解释权。观众——按照默顿的"有组织的怀疑"规范的规定——是有权利的，他们的职责是将他们的理解与生产者的保持一致，而不是制造新的意义。[①]

5.1.3　意义链和合理解释的重心

尽管我们是从前卫艺术开始讨论的，但是几乎可以认为结论适用于更广泛的艺术行动。如果我们把作者/艺术家置于左边，把读者/消费者置于其右边来思考"意义链"的话，就会发现在艺术中，意义的合理性或合理解释的重心比科学离生产者更远。在艺术领域中，这一位置还能向前推进多远尚有待商榷。其中涉及的有像（英国）艺术委员会这样严肃的机构，也有像画廊和赞助商这样不太严肃的机构，还有精英评论家和普通公众。其中还包括后现代解构主义者，他们认为一旦作品"出了门"，作者在消费者/批评者面前就失去了其解释权（尽管这些解构主义者是否真的促进了民主主义或精英主义——他们并不是很了解艺术——尚不清楚）。但不管争论过程是怎样的，在艺术中重心总是倾向生产者一方。我们用图 5.1 表示上述争论。

在图 5.1 中，由一群训练有素的评论者（或机构），以及/或普通公众来解释"作者"的工作。垂直箭头表示被广泛接受的合理解释的重心（或者对作者而言是被广泛接受的意向性立场），可以在水平的位置上来回移动。争论的关键在于箭头在水平线上的位置取决于所讨论的文化活动类型。对于科学来说，它是向左的；对于艺术来说，它是向右的。总之，艺术比科学更靠右。[②]

---

　　① 可以说，有时公众至少是见证了实验的人，对于科学的发展至关重要（Shapin and Schaffer，1987）。

　　② 这个规则有一个例外，需要进一步分析和研究。这就是专家间用来判定的"转换型专长"，有时可以有效地应用于公共领域（见第 2 章）。尽管它不涉及科学争论，但它似乎可以作为处于意义链底端的消费者在技术决策中发生的一种手段。它取决于对情况的深入了解以及可行的经验研究纲领。

现在让我们来证明这个理念。基于分析我们知道，与科学相比，艺术领域中记者所扮演的角色是很不相同的。在科学领域，记者很少自己去定义一项工作的意义——通常他们只是总结和描述。①在艺术领域，记者们常试图界定其意义。比如许多报纸报道说从普通人的视角上看，"床"就是个恶作剧，而不是什么艺术作品［类似于 1972 年卡尔·安德烈（Carl Andre）在一个房间中布置的极简主义作品］，这位艺术家所具有的更多的是托尼·汉考克的 "反抗"（rebel）式，而非毕加索式的风格，我们对上述说法表示同情。同样，如果往左挪一点，主流的艺术评论家或戏剧评论家制造的知识就是正确的——定义合理性就像一场游戏。相反，几乎没有科学记者在报道时会说他们是在制造科学知识。②在艺术领域，意见制造者和知识制造者所享有的合理性程度要高于科学领域。③

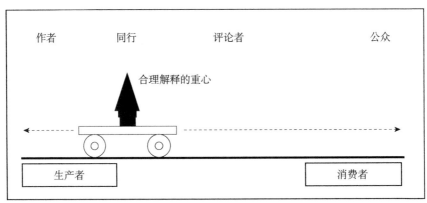

图 5.1 意义链

---

① 对"科学评论者"的不同解读参见 Ihde（1997）。

② 除了边缘科学，如超心理学，常规的界限是相互交叉的（Collins and Pinch，1979）。在英国 MMR 疫苗的案例中，常规的界限就是相互交叉的，记者们在缺少科学证据支持的情况下站在了公众一边。换句话说，柯林斯和平奇 1979 年对偶然性和构成性的讨论并不适应于艺术，因为即使在"偶然"的情况下也能合理地构成知识。

③ 文学批评是一个有趣的例子。它所用到的互动型专长也是一种专长。因此，文学批评打破了互动型专长是寄生性的这一规则（在第 1 章中讨论过）——只有与可贡献型专家做持续的互动才能获得互动型专长。这里，互动型专家在他们的活动领域中是判定专长的可贡献型专家。这种倾向在后现代主义文学批评中得到了体现。这里，引发争论的文学作品本身是无关紧要的，艺术家或制造者很难发声，批评完全是在评论家中产生的。

与此同时，一位早期的读者向我们提出了这样一个有趣的问题，即是否存在一种与语言有关的互动型专长，它不同于可贡献型专长——讲话。我们的第一反应是认为两者是相同的，但还需进一步论证。

意义链为我们提供了一个新的术语，即"艺术主义"（artism），它 *122* 与"科学主义"（scientism）相对。①科学主义（我们说的是科学主义2）认为，*人类的一切活动都应该遵循科学模式*，即把合理解释限制在作者或认为是接近作者的意义链的左边。艺术主义（艺术主义 2）认为，人类活动应遵循艺术/人文模式，即合理解释属于消费者或与消费者关系密切的处在意义链的右端的人。在科学主义下，一切都不应该发生变化并要避免变化。而在艺术主义下，没有什么固定的点，也不应该要固定——也就是说，不存在未经消费者合理重新解释的知识主张。

我们还可以以此来分析恶作剧和欺骗。类似艺术造假或伪艺术，比伪造科学容易，因为它对专业的要求没有科学那么高。这种事情不属于丑闻。鉴于前卫艺术（比如第 2 章提到的《叛逆》）的受众群体是大众，而大众有权对其进行自己的解读，有这样的事也就不足为奇了。不用担心这个问题，相反可以通过它促进我们来思考艺术的本质。②

5.1.4　科学、技术和解释的重心

我们的讨论从前卫艺术开始，然后深入到整个艺术，现在让我们的讨论往左边偏一点，即讨论一下科学和技术。在"公众使用的技术"（public use technologies）领域中，如对汽车、自行车、计算机、语音识别器等而言，公众有权利来解释"作者"（authors）创造这些"工作"（work） *123* 的意义。就像艺术一样，公众使用的技术也是用来消费的，因此与科学相比，它们所处的位置更靠右。③

还可以用这个框架来解释一些科学实践变量，比如最难的物理学。差别体现在左边一个很小的范围内。即"证据的个人主义"（evidential individualism）与"证据的集体主义"（evidential collectivism）之间的差

---

① 有四种形式的艺术主义，就如我们在导言中提到有四种形式的科学主义一样。我们支持的是科学主义 4，我们也支持艺术主义 4。
② 将其与索卡尔骗局和波格丹诺夫的失败比较（第 51 页，脚注①）。
③ 参见 Bijker、Hughes 和 Pinch（1987）；Bijker（1995）。

别（Collins，1998，2004a：第 12 章）。一类人认为科学分析是一种个人行为，或者说是在个人的实验室中完成的，然后才公之于众；另一类人认为所有的数据都应该及早公布以便其他核心层科学家确定其含义。这并不是要否认我们关于科学家的意向性的最初主张，即使是对证据的集体主义而言也强调且清楚地知道科学的意义来自核心层科学家群体，且离公众也不远。沿着这条线，当把数据的解释权公之于众，超越了核心层的范围到达意义链的最右端时，就可以看到证据的集体主义是很危险的。当科学家或他人招募公众对尚未被科学共同体认可的结果表示支持的时候，就会出现这种情况。①

5.1.5 框架

合理解释的重心是思考技术争论中的"框架"（framing）概念的一种有效途径。让我们来看一下在海上处置多余的石油钻井平台如位于北海的布伦特斯帕（Brent Spar）钻井平台的案例。韦恩等人认为该问题的框架与平台钻井本身无关，与社会是否认同其处置方式有关。在此框架下，问题指向对保护环境的重视程度，这一决策取决于我们所身处的社会形态。将布伦特斯帕钻井平台沉入海中，是对环境的蔑视——真正的问题在于我们对环境的态度，而不是钻井平台的污染。

在我们的分析中，韦恩以及和韦恩一样的人在解决技术争论中所扮演的角色就好像艺术领域中的艺术评论家一样。对艺术而言，评论者的作用是教我们如何理解艺术——或许他们的解释与艺术家完全不同。这个角色所处的位置离消费者很近，甚至其中的某些人就是消费者。同样，技术的评论者也将意义制造的重心放在了消费者一边。比如说我们可以把解决布伦特斯帕钻井平台的问题看作花钱多还是花钱少，污染多还是污染少的问题——处置的方式——或多或少地都与生活形式有关。

在当今世界中，以这种方式来看待技术是合理的，但也不能将位于

---

① 与此相关的案例可参见 Collins（1988）所讨论的空难和火车事故以及 MMR 疫苗事件。

意义链左侧的相关因素弃之不顾。解决布伦特斯帕钻井平台的问题的关键在于是否会污染海洋，尽管这可能不是决定性的因素。如果事实证明布伦特斯帕钻井平台不会污染环境并且还为濒危鱼类提供了一个安全的避风港的话，相同的生活方式可能会导致不同的结果。它是否会污染海洋、是否为濒危鱼类提供了避风港，取决于处于意义链左侧的解释的合理性重心的人的回答而不是右侧。①

　　这里，我们试图为上述争论的合理性提供一套语言和意义框架。如果它能得到认同的话，那么关于科学和技术的合理性的重心就会慢慢移动到右侧——艺术主义 2。最近，针对科学的批评都来自受到文学批评运动影响的欧陆哲学，两种运动都试图将意义（如图 5.1 所指）推向右端，这并非巧合。把重心向右移是另一场争论，即两种文化争论的要义——他们试图按照对待艺术的方式来看待科学技术知识。随着右移，评论者和一般公众就能被赋予一个与他们在艺术方面所扮演的角色相当的角色。但是，如果科学和技术要保持它们作为科学和技术的意义的话，就必须要接受更权威的看法，因为合理的专长与知识的产生地离得非常近。如果在我们的社会中要保留西方科学的理念的话，我们希望科学家乐于向右看——站在固定的立场上——不是挑衅，而是乐于接受改变。

5.2　区分科学与政治

　　如果人们接受了形成意向性这个观点的话，就很容易区分科学与政治。合理性问题和广延性问题产生的原因是"政治的传播速度要大于科学"（the speed of politics is faster than the speed of science）。如果科学和政治没有区别的话，那么它们的传播速度应该是一样的，因为它们是同

---

① 这种强调技术决策不同于政治决策的观点最初见于 Collins 和 Evans（2002）。尽管"阶段"有序列的意思，这里的用法更接近于自然科学，指的是（固体、液体或气体的）状态，即物体会受到温度和压力的影响。同样，在技术与政治之间做决策，与语境有关。

一范围的。因此，有必要划界——但问题是如何划界。

我们可以从对意义链的讨论开始。当我们将"政治"与"科学"进行对比时，我们所说的"政治"是调动那些在意义链上比一般人在理解科学时更靠右的人的解释力。在政治中，公众的参与对决策的制定有很大的影响；科学则不然，至少是对合理的意向性，而非实践而言。比如，夏平曾经指出，在19世纪的爱丁堡，研究颅相学的科学家的"科学家"身份是与他们在爱丁堡的政治身份相匹配的；并且，那些参与了关于大脑结构的争论的科学家所做出的结论受到了政治的干预(Shapin，1979)。用我们的话来说，人口比重较高的城镇居民群体对于那些用显微镜观察大脑结构的所占人口比重较低群体的解释产生了影响。其他研究证实了这并非特例，对理论和观察而言，总能找到其受到了那些从严格意义上说不属于科学元素的元素的影响的证据。至少，科学共同体的"小 p"政治因素是科学共识达成的要素之一。

126　　　这一发现使得很多人相信因为没有办法将政治彻底地从科学中剔除出去，因此无法将科学与政治区分开来。但这种观点是错误的。我们要重申意向性的重要性。我们并没有说："啊！夏平的研究表明正确的研究大脑的方式就是让政治因素尽可能地参与到科学中。"我们也没有说"现代神经科学的问题是政治因素在科学发现的过程中所发挥的作用太小"。我们并没有说公众的意见一定能对脑结构的研究发挥作用。我们没有这么说也没有这么做，因为我们知道尽管"非科学"因素会对显微镜所观察到的事实的解释产生影响，但我们并不认为这些影响是"合理"的。我们承认解释的重心偏右，但是解释的*合理性的*重心应该保持不变。科学和科学家的意向性立场应当保持不变。

因此，我们可以基于科学家和政治家的形成意向性而非科学知识的内容来区分科学和政治。这里借用讨论解释的歧义性时所用到的术语，科学的社会学研究已经表明政治和其他世俗因素对科学知识的影响是*内在*的，但就像解释的歧义性一样，它们无法*外化*。所谓的科学就要抵制这种影响。科学的社会学研究已经清楚地看到了这一点，这就是为什么一方面他们说科学与政治是紧密相连，另一方面他们又认为制药公司"不当地影响"（unduly influenced）了药物测试过程，烟草公司受利益驱使"歪曲"（distorted）了吸烟的影响，苏联是"破坏"（damaged）了基因研究，而不是"激发"（energized）了得到政治支持的托洛菲姆·李森科（Trofim Lysenko）的理念。

5.3　区分科学与伪科学

要想区分科学与伪科学是很困难的。至少有些伪科学家在工作中表现得有条不紊，并尽量避免外界对他们的影响；他们想要尽量保持自己的解释合理性的重心。我们想要给现有的科学增加一些新的标准。我们先来看一个极端的、特殊的案例。

5.3.1　药物引导状态下的科学

有些人认为，科学永远独立于科学主体而存在。这种观点的早期支持者如加利福尼亚大学戴维斯分校（University of California at Davis）的心理学家查尔斯·塔特（Charles Tart）。1972 年，塔特写了一篇论文，认为存在"特殊状态下的科学"（state-specific sciences）。塔特认为，有些科学会改变意识状态，如由药物引起的，这种结果与日常对世界的知觉无关。当时正处于一种反主流文化的时期，后来塔特的这篇论文发表在《科学》（*Science*）期刊上。

塔特的推理如下：有一种科学状态是在服用了 LSD①之后才能实现的——我们把它称为 LSD 状态（LSDology）——那么，没有服用过 LSD 的人就没有办法理解"关于"LSD 的状态和类型。"特殊状态下的科学"

① D-麦角酸二乙胺（Lysergic acid diethylamide），也称为"麦角二乙酰酸"，常简称为"LSD"，是一种强烈的半人工致幻剂。——译者注

理念表明特殊的身体状态不仅是获得可贡献型专长的必要条件，也是获得互动型专长的必要条件。如果一门科学（或行动）与特殊的身体条件有关，那么只要不在那种状态下，即便涉及该行动也无法获得互动型专长。按照萨克斯的说法，玛德琳对人类活动了如指掌，但她仍然对 LSD 状态毫无所知，同样，没有摄入 LSD 就无法了解 LSD 型的科学知识社会学。需要更深入地融入生活形式中，而非简单地与受访者口头交流——需要身体力行地参与获得可贡献型专长的过程。社会学家要注意的是"特殊状态下的科学"的理念会对科学知识社会学产生威胁，因为一旦承认亲身参与某领域的实践是获得互动型专长的必要条件的话，那么科学实践者（"科学卫道士们"）就会说如果你不能做科学实验，你就没有资格谈论它。

　　"特殊状态下的科学"不能也没有可能替代科学；只有置身于"特殊状态下的科学"的人才能够理解"特殊状态下的科学"本身——否则它们就不是"特殊状态下的科学"了。它们可能也就是在特殊条件下进行的一组实验或观察，其结果可以以正常的方式传达给科学共同体。同样，"特殊状态下的科学"也不能被视作科学结果，因为这些结果不会影响科学的特殊状态。在"特殊状态下的科学"中，推动科学发展的一般科学发现也得不到认可。在这里，我们将引入一条新的划界标准，它具有科学的形成意向性特征："除非有新发现中断了科学，否则科学的意向性立场必须是连贯的。"

5.3.2　家族相似性

　　借鉴维特根斯坦的观点，我们把这条新的规则称为"家族相似性规则"（the family resemblance rule）。如前所述，与其他试图表达正常社会生活方式的规则一样，它也是有歧义的：但显然规则不能运用于自身。我们试着通过运用它的范例来展示它的意义，但先让我们描述一下家族相似性（family resemblance）概念。

家族相似性是说有两个离得比较远的家族成员 A 和 N，他们之间可能没多少共同的特征，但是 A 和 B 有很多相似之处，B 和 C 有很多相似之处，C 和 D 有很多相似之处，以此类推，直到 N。可以用图 5.2 重叠的椭圆形来表征这个理念。图中表示的是游戏的家族，就像维特根斯坦所谓的家族相似性一样，左边的椭圆形可能代表的是足球，那么右边的椭圆形代表的就有可能是"甩啤酒布"（dwile-flonking）运动[①]；如果图中的椭圆形代表的是科学的话，那么它们可能是探测引力波物理学和鸟类学（ornithology）。

家族相似性作为逻辑规则的问题在于这些家族成员间可能完全没有共同之处，所以科学中的家族相似性说明不了任何问题。

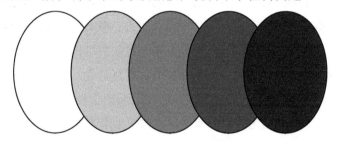

图 5.2　家族相似性理念

只有在生活形式下，这个理念才起作用。因此，当我们谈及游戏足 *129* 球和"甩啤酒布"时，因为我们共享同一种生活方式，所以我们知道是什么意思，但是本书的许多读者可能并非同我们共享同一种生活方式，所以他们可能不知道"甩啤酒布"是什么意思，得要先上网查一下才能"明白"。[②]显然，那些不得不求助于互联网的人有权说他们不知道"甩

---

① "甩啤酒布"是英国民间的一种体育比赛。——译者注
② 英国广播公司 4 台的游戏"对不起，我不知道"，反映了我们想表达的游戏的意义。其中最典型的例子是"莫灵顿新月"（Mornington Crescent）。在"莫灵顿新月"游戏中，每个参赛者依次说出伦敦的一条街道的名字。显然，在传到"oohs"和"aahs"时，就很难往下接了。如果接到"莫灵顿新月"的话，那么游戏就结束了，你会看到其他参加游戏的人脸上的失望、自嘲等各种表情。显然，有人会犯错，但聪明的玩家就善于抓住这样的机会。有些观众和参赛者可能都不了解规则。说句玩笑话，他们玩的是没有内容的游戏。"莫灵顿新月"这个游戏虽然有游戏形式，但没有任何意义。"莫灵顿新月"尽管是一种游戏，但它不是维特根斯坦所讨论的那种游戏。

啤酒布"是一种运动。

5.3.3 智能设计

要使用家族相似性理念，就必须要对家族进行界定。现在让我们研究一下发生在 2005 年宾夕法尼亚州哈里斯堡（Harrisburg Pennsylvania）多佛学校（Dover School）的董事会案就会更清楚这一点。该案例涉及人工智能设计理论的科学地位问题。多佛学校董事会因其允许在科学课程中教授智能设计而被起诉，家长们控诉这是一种宗教灌输。作为辩方，一位科学哲学家说牛顿在他的科学工作中就受到了宗教的启发，因此不能确定科学的未来发展状况会是怎样的，不能把智能设计教学中的宗教动机因素从科学中剔除出去。事实上，这位哲学家强调宗教曾经是科学活动的中心，也许有朝一日还会这样；因此，带有宗教动机的科学和科学本身具有家族相似性。更有甚者，牛顿就曾是一位炼金术士，因此可以以同样的方式论证在今天的学校中教授炼金术的情况。并且，由于我们无法预知未来，因此关于未来的科学可能是什么样的观点可以为现在我们教授的那些东西不属于科学范畴的观点做辩护。因此，家族相似性的概念不适用于回首过去和展望未来。家族相似性标准的适用范围必须是我们所了解的科学，而非过去或未来的科学。

有人可能会反对说，对于家族相似性概念的使用而言，这样的标准过于保守，是"保持原样"（keep everything as it is）的标准。而我们还是要重申意向性立场。我们知道科学经历了反常和革命阶段——库恩的范式转换。如果有一种理论认为质量和能量守恒，而另一种理论则不然，那么在实验中就会产生一种新的实验方法，即爆发所谓科学的社会革命，这是否意味着科学产生了一种裂痕？答案是"没有"，因为科学家在朝着新的方向前进，保持着尽量避免新理论和新发现与原有的理论相冲突的意向性。他们不想推翻科学方法，或大的科学发现，或科学的主要社会机构，或现有的科学数据。他们也不想做局外人。范式革命者的目标是说服其他科学家在现有的机制内以一种新的方式思考和行动，尽可能保留与现存的事物之间的关联。这与 ID①的支持者形成了鲜明的对比，即那些希望科学能够与科学以外的因素——神感（divine intelligence）相融合的观点。如果他们成功了，那么科学方法会改变，信仰的确定性会在知识的收集和评价中发挥更大的作用。科学的公开原则要求对文本仔细推敲，特别是那些出处不明的文本，还要消除个人偏见。再者，研究难题如复杂有机体的发展常会让人沮丧，因为现成的解释就在眼前，而科学需要把解决难题作为深化科学知识的一种手段，这就需要用科学的方法去理解和解释科学中的一切，尽管这种意图不一定能够实现。因为其中涉及许多附加规则，比如实验在科学中的中心地位。*131* 我们之所以讨论上述问题是为了回应"科学元勘的第二次浪潮"，关键是要放弃"认识论的表面价值"（epistemological face value）。我们要在科学的生活形式的形成意向性下讨论它们的重要性。②

5.3.4　探测引力波、超心理学和占星术

20 世纪 70 年代，约瑟夫·韦伯（Joseph Weber）说他测到了引力波，但是不久后他的说法被否定了，在接下来的 30 余年里，他都被看作一名异类的物理学家。他的目标是希望他的观点被物理学共同体所接受，所以他不断地发表论文、参加会议、做容易被认可的物理实验，不管有没有缺陷，他一直在努力提高仪器的灵敏度以及不断修正分析方法。然而，他却没能让那些享有公认的物理学的生活形式的人相信他。韦伯的工作属于家族相似性标准下的科学，尽管他的实验结果不被人接受，但是他的这种意向性立场可以纳入日常的物理学工作。③

现在，我们把目光转向超心理学实验：心灵感应如"心灵至上"（mind

---

① ID 即智能设计（intelligent design）。——译者注。

② 对"科学研究的第二次浪潮"的研究，参见 Collins 和 Evans（2002）。此实验参见 Crease（2003）。

③ 参见 Collins（2004a），特别是第 20 章。

over matter)、"远程感知"(remote perception)等。超心理学的情况更复杂，因为它宣称能够证明被一些科学家认为不存在的力量的存在。如果这种力量真的存在，那么它将会引发一场常规科学界的动荡，所以每一次的"读数"(meter reading)都要很小心，以免受到实验者及他人思想的影响。①然而，如果我们把精力集中在少数在大学实验室工作的超心理学家身上的话就会发现他们的实验不过是为了向现有的科学共同体证明超自然现象的存在，并不是要推翻科学方法或科学发现。这些超心理学家所使用的科学方法是很无聊的——就是不断实验，然后进行数据分析。偶尔，超心理学家也会在主流的科学期刊上发表论文，但他们也有自己的期刊，并且有严格的技术审查标准。就目前而言，超心理学家想要推翻一切，他们想要推翻关于宇宙构成的理论——在这方面，他们的计划就像 20 世纪初的爱因斯坦的计划。和爱因斯坦一样，他们希望尽可能地保留现有的科学机制和方法。然而超心理学*永远不可能*成为常规科学。超心理学和冷凝一样，是无论怎样都会和现有科学存在裂痕的科学，但仍在努力。②

如果我们关注一下报纸上报道的占星术就会发现他们缺少像正统科学一样的理念、研究机构和科研人员。更重要的是，大多数占星学家不想要有这种关联——他们不想成为正统科学的一部分。占星术是另一种学问！如果科学接受了行星会对人的命运产生影响的观点，从而接受了占星学家（astrologers），那么占星学家的处境就会和现在有很大不同，行星的影响力也将由科学（或现在公认的科学）来决定。比如，这种力量可能与属于某个星座的占星术信徒的出生日期和气候或自我期望有关（如安慰效应对医学来说就很重要）。赞成"占星学"的人希望在科学和实体之间*建立*一种家族相似性；他们希望被主流科学所接受，或如库恩所说改变对某些科学（可能是心理学，而非占星术）的认知。③

① 有些科学家的确相信，对某些宏观领域而言，观察者的意识确实能够对量子理论产生干扰。

② 这里必须要加个脚注，因为社会心理学两极分化的状态让我们不得不强调，我们是不支持超心理学的。

③ 蕾妮·高奎琳（Renee Gauquelin）说她发现了星座和运动之间的关系。按照我们的标准，高奎琳属于科学群体，但是她关于超自然现象的发现结果被专业委员会否定了。可参见高奎琳的文章。参见 *The Truth About Astrology*（Sarah Matthews trans.，Oxford：Blackwell，1983）和 *The Case for Astrology*（John Anthony West，New York：Viking Arkana，1991）.

家族相似性标准只是一个指导原则。如果一项新的研究要被看作科学的话，那么这项新研究和科学之间的关系是不以任何人的意向性为转移的。它们之间可能会有冲突，并且这种冲突是无法弥合的，但这并不是科学家想要看到的。总之，在科学中是没有人会说既相信 p 又不相信 p 的。过去三十年的科学元勘成果表明，事实上科学可以同时支持 p 和不支持 p——至少近半个世纪来是这样的——但这没有意义。[①]用我们的话来说，非连续性是科学固有的而非*外在*的。因此，如果有一套可替代的医学理论，其目的是要与现有的医学相对立或者是要将医学推向巫术领域（即使这可以作为个体的治疗方法），而不是来解决"人"的问题的话，它就*不是*科学；但如果其目的是要把身心关系作为复杂的因果链上的一个系统来加以理解的话，那么它就是科学的（Collins and Pinch，2005）。尽管研究疫苗接种运动的危险性和成本与用它们来对抗疾病的危险性和成本相比是科学的，但抗疫苗接种运动*并不是*科学。只要目的是要找到更好的科学解释，即使某些生物学理论很复杂，很难用进化论的思想来解释，*它也是*科学的；反之，如果其目的是用宗教取代科学，那么它就*不是*科学的。就意义链而言，科学家的目标是把合理解释的重心尽可能地向左移，即使它有时会向右移一点。

本章讨论的是用专长的元素周期表，从公共领域的技术争论的技术细节方面判定谁是专家、谁不是专家。单凭专长的元素周期表并不能将科学与艺术、政治和伪科学区分开来，伪科学家也有类似于从啤酒杯垫到可贡献型再到元水平的专长。但是如果新的划界标准或其他划界标准起作用的话，就可以用它们将科学和技术专家与其他专家区别开来。一旦确定了科学和技术领域，就可以在该领域内区分专家和专长。

133

---

① 参见 Collins 和 Pinch（1993，1998）。

结语：科学、公民和社会科学的作用

再重申一下我们之前的观点：我们并不是说只有专家才能做技术决策。社会公众在技术决策中也能做出政治和技术贡献。关于上述两者，存在以下三个方面的问题。

（1）鉴于科学和政治之间的差别，在决策中科学与非科学参与的适当比例是多少？

（2）既然科学和伪科学是有区别的，那么什么样的科学会对决策产生影响？

（3）公众怎样才能认识到他们做出的是正确的判断？

问题（1）和（2）涉及技术争论中的"框架"问题。正如前面在第5章中提到的消费者对诸如汽车和个人计算机等涉及公共领域的技术的看法能够为非科学的观点提供一种辩护。①政治、消费者的偏好还有生

活方式的选择能够为决策中所涉及的非科学和非技术做另一种辩护。如果科学共识落后于公众决策或公众偏好的形成，那么就不该对科学投入太多。科学是包含不同类型的，涉及范围从行星运动的精准物理学到长期的天气预报或经济建模。宏观经济学家要提前一年预测国家的通货膨胀率或失业率。他们的预测是基于大量的历史数据、对经济学的一流

---

① 一个有趣的案例是对新技术的"领先用户"（lead users）的市场调查。事实上，这群用户在使用程序的过程中获得了可贡献型专长，研发公司把他们当作专家，向他们咨询。但是，领先用户群体的贡献是很有限的。甚至有人认为，新手用户可以忽略领先用户的意见。比如说，对大多数用户来说，IT 接口的设计都不大好。参见比如冯-希佩尔（Von-Hippel）和菲尔·阿格雷（Phil Agre）对领先用户的讨论。

的理解和复杂的计算机模型，但他们仍然会出错，有时甚至大错特错，而且他们之间的分歧也是很明显的（Evans，1999）。这是否意味着他们的观点要被抛弃？难道除了政治，就没有其他的解决途径了吗？我们认为，尽管有时候专家的预测是失败的，但仍然要培养和倾听专家意见。

第一个原因是经济预测者比任何人都更了解经济的运行方式的——他们知道他者在说什么。更多的论证可参见纳尔逊·古德曼（Nelson Goodman）对艺术品仿造的案例的讨论（Goldman，1969）。古德曼提出的问题是为什么在即使是最出色的艺术评论者都分不清哪些是艺术品、哪些是赝品的情况下，还要区分艺术品和赝品（取证方法包括追溯历史或分析油画、画布等）。古德曼认为，艺术鉴赏是一项不断发展的成就，即使对今天的艺术评论家而言，他们也没有绝对的把握去区分真品和赝品，或许有一天，读取绘画的技能会发展到这样一种程度，即通过训练和实践能清楚地区分真品和赝品。这可能永远也达不到，除非在鉴别真品与赝品和艺术鉴赏家的想法之间存在统一的标准。也因此我们主张要保留经济学家的地位，即使经济预测的结果往往与实际情况相去甚远——或许有一天能够做出准确的预测。即使在经济学中永远不可能出现这种情况，或许在其他的专长领域会出现这种情况，因此，我们不能否认专家的合法地位，即使他们目前所发挥的作用不大。

也就是说，专家投入得越多，他们得出的结果越可信。如果经济预测成为一门更确定的科学的话，那么它的影响力会更大，即使经济决策常常就是政治决策。远离政治的话，权重会发生变化。21 世纪初，MMR 疫苗的安全性引发了英国公众的恐慌，这似乎就是一个错误评判专长权重的案例。由于其在科学共同体中并没有引发多少争议，因此记者、公众以及更不幸的是包括许多社会科学家都对专家意见的价值给出了错误的判断（Speers and Lewis，2003，2004；Collins and Pinch，2005）。

与此同时，也不是说只凭借专家意见就能做出技术决策。在本书中我们不相信在技术决策过程中专家不想把权利攥在手中。成本-效益

136

分析师是在一个很有限的范围内来分析的；风险分析师也一样，他们不考虑核设施遭受恐怖主义袭击将会带来的政治风险。他们也不会考虑减少二氧化碳排放会导致自由丧失的成本或风险。显然，这些都属于来自非科学领域的决策因素。

更微妙的是，即便我们讨论的是科学领域，我们也已经阐明在科学和技术共同体之外依然存在科学与技术专长。当波兰尼提出"默会知识"这个概念时，他的本意是要建立一个"科学王国"（Polanyi，1958）。他说科学家必须自治（rule themselves），因为他们是唯一拥有默会知识的人，他们是唯一了解自己的能力和目的的人。这就是说只有实践者才能评价实践者。用我们的话来说就是只有拥有可贡献型专长的人才能评价那些和他一样拥有可贡献型专长的人。这种观点的问题在于，现在我们知道，即使是在科学共同体中，科学决策也常是由那些拥有互动型专长的人（有时是牵涉型专长）做出的。如果互动型专长在科学中的确占有如此重要的地位的话，就为拥有互动型专长的非科学家打开了一扇科学决策的大门。也包括以韦恩所描述的牧羊人或以爱泼斯坦所描述的艾滋病专家为代表的那些未经过认证的可贡献型专家。如果，这些特殊的专长的价值能得到认可的话，那么波兰尼所描述的王国的城墙便坍塌了。

另外，社会科学家很容易陷入这样一种误区，即科学王国之外的人所作的选择是技术选择，不管它是否与技术有关。如果政治选择和生活方式选择被技术选择同化，那么就没有所谓科学与政治的社会生活了。现在让我们来看一下我们在前言中提到的在《转基因食品的政治学：风险、科学与公众信任》中提到的内容。

> ……许多公众都不了解科学，但他们对科学的进步和新技术了如指掌，对这些问题的解读也非常老练。许多"普通人"对不确定性有很透彻的理解：如果说公众和科学家、政策决策者之间有什么不同的话，那就是公众的直觉感更强，

他们本能地认为有必要采取预防措施。①

更进一步的研究表明上述观点出自一个研讨会，这些观点被详细记录在一份报告中。作者们解释说："生物技术太科学了，所以很难理解，许多人都想知道关于它的更多内容。"很多成员感觉在技术中迷失了："这对我来说太技术化了"；很多人都"对奶酪的制作过程以及其中酶和小牛的作用感到困惑"；"你没有意识到这一点是因为你没有接受过生物技术方面的系统的教育，也不了解它的实际发生情况。当你走到大街上问过往的行人'你了解食品中的生物技术吗？'大部分人会说'不'"；"'转基因'很多人都不知道是什么意思"；"我认为我们主要担心的是我们不知道这些东西是如何被修改或替代的"；"他们对西红柿做了什么？他们做了什么？请用简单的语言向家庭主妇们解释清楚"。

另外，鉴于历届英国政府对这些问题的不当处理，焦点小组（focus group）的成员们不相信科学、技术和政府机构——概括一下——就能理解这种情况了。令人担忧的是报告无耻地将道德选择和生活方式选择与技术判断混为一谈。"一般说来，建议越是挑战人们的道德观，越让人感到焦虑。""感觉科学和技术发明慢慢地让食物失去了原本的属性。"不信任转基因食品也是因为不相信它"非自然"的"本能"（报告中用的是这个词）。在焦点小组报告的附录以及报告正文中记述这些话。可见，对自然的信任是基于一种非技术理性（nontechnical reasoning）。爱尔兰土豆歉收是自然的，瘟疫如天花的肆虐对人类的伤害是自然的，就连艾滋病也是自然的。另一方面，电的产生不是自然的，盘尼西林也不是自然的，不同种族的通婚也不是自然的以至于现在还有一些所谓的文明社会抵制这种现象。在这份报告中，对"自然"概念的理解是肤浅的，但却把它作为评价"合理性"的依据。

此外，我们需要对技术与非技术（nontechnical）的概念予以澄清；我们要把争论的技术层与政治层区别开。报告显示，公众其实对有关转

_138_

---

① Economic and Social Research Council（1999：4）。

基因技术的知识很贫乏——他们所拥有的大部分是由于不相信关于新技术的官方说法而激发的"转化型专长"。但是，尽管缺少技术知识，公众依然享有转基因技术的监督权。我们所支持的是民主社会中的政治权利，而不是公众领域中的虚假的技术能力。

在探索和捍卫专家的专长概念的同时，我们也强调公众享有技术决策权。他们有权选择自己的政治立场、生活方式、承担的风险，以及他们对科学家和技术人员的信任程度。在这些方面，过去三十年的社会科学研究成果为增强公民所享有的上述权利提供了认识论基础。"拉平了认识水平"。不再把科学和技术看作凌驾于一般知识之上的神圣的领域——一个属于知识和权威的领域。科学和技术开始为人所熟知，评估其证据的方式也和其他证据的方式越来越相似。剥去覆盖在科学和技术之上的神秘外衣是好事，它遏制了近乎神圣的新的科学法西斯主义（science fascism）的发展，在 20 世纪 50 年代，这种思潮非常猖獗。那时的科学家和技术专家根本无法用专长取代政治。

然而，如果拒绝承认认识论的结构的话，就等于放弃了我们对这个世界的责任。社会科学家的新任务是重构认识结构——或者，更准确地说是重构认识论的结构——理解其构成。是什么原因使它没有高山也不仅仅有泥浆，是什么原因使它还有山丘。①我们认为对于专长和经验的理解以及由此而产生的专长和经验研究（study of expertise and experience，SEE）是重新理解认识论的一条途径。"拉平"的举动解决了合理性的问题，对剩下的山丘的研究要解决的就是广延性的问题了。

基于 SEE，公众如何在政治权利完好无损的情况下对技术判断的技术部分做出明智的选择？根据我们的分析，在缺少适合的专家经验的情况下，公众只有通过包括普遍的专长和局域判定在内的社会专长——选择相信*谁*而不是相信*什么*，来做技术决策。当然，社会科学的任务就是

---

① "拉平山"这个隐喻见于柯林斯和平奇所著的《勾勒姆》[*The Golem*（Collins and Pinch, 1993, 1998）] 一书的 141 页。这本书曾被过度解读为要完全地拉平，即便如此，该书中仍然承认科学家是这个世界上最杰出的专家。

通过揭示科学的社会化产生过程以及对与科学和技术有关的专长的解释，帮助公众做出更好的决策。如果这些准技术决策过程向那些因缺少技术经验而不得不依靠社会判断的公众开放的话，那么对科学的社会化程度了解得越深，就越能做出公正的裁决。在某些特殊的科学争论中，转化知识并不能使公众像科学家一样对关于是"p"还是"不是 p"的问题的解决做出贡献，但是它能帮助市民对关于他或她的政治决策是以 p 还是不以 p 为前提做出判断。

不管你是否接受，那些研究知识的人就是知识专家。如果我们只评 *140* 论的话——如果我们只停留在对知识水平的讨论不去建立、解释或评价认识论的结构的话——我们这是在逃避责任。要使人们对知识的社会层面有一个了解，从而对知识的使用方式产生影响，因此，我们必须准备好向公众解释科学、解释专长。

我们要做好解释和评价特殊专业群体的专长的准备。社会科学家、哲学家和其他有专长的专家不仅要做好准备，而且要积极地向专家谏言。这不仅仅意味着要指出规范模型和受到社会因素影响的科学知识之间的差别，也不仅仅意味着对专家的评价只能在事后，它要指出的是介于专长和民主的理念之间的张力。它意味着即便我们知道存在很大的不确定性，即便我们知道评价专家为时尚早，即便我们知道不论范围有多广，选择一个专家群体都不民主，专家所拥有的权威始终比普通市民要多，我们也要搞清楚专长的使用过程。我们要通过设置市民陪审团（citizens' juries）和协商会议（consensus conferences）来缓和横亘在民主和专长之间的张力：并不是嘴上喊着"让市民参与"的口号就可以了，而是要说明是哪些市民、要具备怎样的背景以及通过怎样的方式、进入什么样的技术领域、花多长时间置身于其中才能成为市民的代表。

最后，要让论证更有说服力的话，还需要更深入的研究。我们要对互动型专长做更多的研究才能了解在多大程度上即便缺少实践经验也能依靠好的互动型专长做出正确的判断。玛德琳（见第 3 章）能成为探

141 测引力波的物理学的互动型专家吗？或者我们可以这样问：先天失明的人是否能像色盲一样通过实验。甚至我们要问（其他人可能也是这么想的）先天失明的人对红色的认识和正常人关于红色的认识来源是否来自相同的大脑区域。这样做并不是要解释这些经验问题，而是说当某人涉身于知识所在的语言的社会群体中时，他是如何知道答案的？

我们还要研究其他专长。为什么拥有关于科学的公众理解和主渠道知识不能保证某人通过模仿实验呢？为什么不能把那些经过训练的有资格，但没有科学家身份的人和那些没经过训练且无资格，但有主渠道知识的专家相提并论呢？（在第4章中我们已经讨论过在模仿游戏中，那些经过训练的、有资格的非专业物理学家的表现还不如那些有互动型专长的专家。）

如何区分互动型专家和可贡献型专家？什么叫牵涉型专长？它是怎么发挥作用的？可靠的判定——转化型专长——如何测试其可靠性？我们如何验证或证明科学的社会理解及其作为转化型知识的可靠性？对于难以预测的领域，情况也是一样吗——比如预测明年的天气——用投票的方式？我们当然不认同这样的观点，但要对此做进一步的研究和分析。可以肯定的是不能采用像通过投票的方式来预测明年的天气情况这样的方法，即使投票在制定关于预测日照和降雨水平的政治决策中发挥重要作用。①

我们认为研究知识的社会科学和哲学的共同体的任务就是要搞清楚什么是专长，以及它的类型和水平。这本书的大部分内容都是在试

142 图回答这些问题。基于植根于社会的默会知识的存在，我们构建了一个"专长的元素周期表"。这项工作的目的在于即便是面对新的世界观，即使它不相信科学，也能独立于其社会属性对专长进行判定。我们已经论证了出现在该表上的真正的专长与被认可的专长之间的界线是不同的，有些专长并不被传统的标准所认可。比如说"外行专家"（lay

---

① 索罗维基（Surowiecki）认为，对未来通胀率的民主投票都比经济学家的预测准。他的观点仍需进一步推敲，这里只当它是道听途说。

experts）——应该把他们叫作"基于经验的专家"（experience-based experts）。还有互动型专家——他们缺少实践，但却是该领域的具有语言能力的专家。因为即使是在科学领域，大多数决策也是基于互动型专长做出的，因此在决策时必须要把它列入高级专长之列。做技术决策不仅需要高级专长——也需要低级专长。如何在决策中对两者进行平衡，是有待进一步研究的。重要的是，分析专长的前提是要把专长看作实在的。只有这样，社会科学和哲学才能在解决我们所面临的难题时发挥作用。

附　　录

科学研究的浪潮

2002 年，在著名的《科学研究的第三次浪潮：专长和经验研究》（*The Third Wave of Science Studies of Expertise and Experience*）一文中，作者用"科学研究的三次浪潮"（three waves of science studies）这个概念描述了学科发展的过程。大体上，第一次浪潮着力于研究科学的外层，解释了科学的成功以及维持其成功的条件。在此浪潮下，问科学是否成功的问题看起来有些奇怪，因为在第二次世界大战中科学和技术的贡献是显而易见的，科学的成功是认识前提。在第一次浪潮下，科学和技术领域的权威是自上而下的，科学家和技术专家处于顶端。

第二次浪潮始于 20 世纪 60 年代（尽管它早有前兆）[①]，可以把它看作对第一次浪潮的回应。它把科学和技术知识看作"社会建构物"（social constructions），科学和技术的认识优先地位受到了质疑，并且连同知识的合理性理论一起受到了质疑。本书的作者对第二次浪潮做出了重要贡献。

在 2002 年的论文中所谈到的专长和经验研究代表了第三次浪潮，即本书的主旨。第二次浪潮为民间智慧观点的产生提供了沃土，但本书的作者认为有必要基于对专长的分析探讨其存在的合理性。这篇论文呼吁把专长看作实在的并对谁有专长、谁没有专长做更规范的系统研究。

[①]　参见 Ludwik Fleck，1935/1979.

在认识到第二次浪潮对科学政策做了贡献后，文中呼吁研究科学的社会　*144*
科学家要用自己的专长在科学的上游（upstream）做判断，而不仅仅是
做些对他人的专长进行分析的下游（downstream）工作。因为任何决策
都有可能出错，所以这必然会带来认识风险，但不应该就此放弃。如果
可错性不会导致科学瘫痪，当然这么做也不会导致政治瘫痪，所以不要
惧怕科学研究中的风险。尽管决策可能会出错，但那些研究专长的人在
面对专长时要"知道他者在说什么"，并且用他们的专长负责任地来分
析专长。下面，我们将我们所谓的科学研究的第三次浪潮与前两次浪潮
的区别总结如下。

第三次浪潮和第二次浪潮的区别

（1）*上游工作而非下游工作：*第三次浪潮的目标是改变世界，而不
仅仅是观察世界。

（2）*危险性：*上游工作的结果就是第三次浪潮不像第二次浪潮那么
安全，就像对怀疑论而言科学不安全一样。

（3）*分类：*第一次浪潮和第二次浪潮预示了第三次浪潮所要做的是
建构类的工作，而不是消解界限。

（4）*贡献：*第二次浪潮的贡献在于发现了科学的不确定性，即科学
问题变成了社会问题。在第三次浪潮中，科学的不确定性不是问题，它
启发我们在不确定性不可避免的情况下如何采取行动。

第三次浪潮和第一次浪潮的区别

需要注意的是：这些也是第二次浪潮和第一次浪潮的不同之处。

（1）*五十年定律*：科学争论需要很长时间才能平息，因此所谓的科学共识很难达成。

（2）*速度定律*：鉴于五十年定律，因此政治决策的速度常常快于科学共识达成的速度，因此公众层面参与技术决策的程度是受到局限的。

145

（3）*不确定性*：即使速度定律不成立，科学共同体也已经达成了共识，但是争论的存在导致了科学仍然会被"解构"（deconstructed），仍然无法为决策提供指导，科学仍然不精确。

（4）*政治因素是存在于其内还是其外*：所有的科学决策都包含政治因素，这也就是为什么即便达成了科学共识也没有办法形成一个没有问题的决策机制。然而，这并不是说政治因素应当独立于科学。

（5）*专家*：科学家在他们的研究领域之外根本不能被称为专家。

（6）*经验*：判断专长的依据是经验，它拓展了科学和技术领域之外的专家的参与度。

（7）*原教旨主义*：虽然科学思维是我们生活方式的中心，但它并不构成判断其他思想如信仰、艺术或浪漫的想法的依据，科学家不是权威而是专家，管道工不是牧师。

（8）*框架*：鉴于以上原因，公共领域的技术决策问题就不应该要么是技术性的，要么是命题性的。非科学偏好也会或多或少地对决策产生影响。

参 考 文 献

Ainley, P., and H. Rainbird, eds. 1999. *Apprenticeship: Towards a New Paradigm of Learning.* London: Kogan Page.

Arksey, Hilary. 1998. *RSI and the Experts: The Construction of Medical Knowledge.* London: UCL Press.

Bijker, Wiebe, E. 1995. *Of Bicycles, Bakelites, and Bulbs: Toward a Theory of Sociotechnical Change.* Cambridge, Mass.: MIT Press.

Bijker, W., T. Hughes, and T. Pinch, eds. 1987. *The Social Construction of Technological Systems.* Cambridge, Mass.: MIT Press.

Bloor, David. 1973. "Wittgenstein and Mannheim on the Sociology of Mathematics." *Studies in the History and Philosophy of Science* 4: 173-191.

Bloor, David. 1983. *Wittgenstein: A Social Theory of Knowledge.* London: Macmillan.

Brannigan, G. 1981. *The Social Basis of Scientific Discoveries.* New York: Cambridge University Press.

Cabinet Office. 2000. *Code of Conduct for Written Consultations.* London: Cabinet Office. Available online at: http://archive.cabinetoffice.gov.uk/servicefirst/2000/consult/code/consultationcode.htm (accessed 13 December 2006).

Cabinet Office. 2005. *Code of Practice on Consultation.* London: Cabinet Office. Available online at: http://www.cabinetoffice.gov.uk/regulation/consultation/code/index.asp (accessed 13 December 2006).

Carolan, Michael, S. 2006. "Sustainable Agriculture, Science and the Co-production of

'Expert' Knowledge: The Value of Interactional Expertise." *Local Environment* 11: 421-431.

Champod, Christophe, and Ian W. Evett. 2001. "A Probabilistic Approach to Fingerprint Evidence." *Journal of Forensic Identification* 51: 101-122.

Collins, Harry. 1974. "The TEA Set: Tacit Knowledge and Scientific Networks." *Science Studies* 4: 165-186.

Collins, Harry. 1987. "Certainty and the Public Understanding of Science: Science on Television." *Social Studies of Science* 17: 689-713.

Collins, Harry. 1988. "Public Experiments and Displays of Virtuosity: The Core-Set Revisited." *Social Studies of Science* 18: 725-748.

Collins, Harry. 1990. *Artificial Experts: Social Knowledge and Intelligent Machines.* Cambridge, Mass.: MIT Press.

Collins, Harry. 1992. *Changing Order: Replication and Induction in Scientific Practice.* Chicago: University of Chicago Press. First ed., Beverley Hills, Calif., and London: Sage, 1985.

Collins, Harry. 1996a. "Embedded or Embodied: Hubert Dreyfus's *What Computers Still Can't Do.*" *Artificial Intelligence* 80, no. 1: 99-117.

Collins, Harry. 1996b. "Interaction Without Society? What Avatars Can't Do." In *Internet Dreams*, edited by M. Stefik, 317-326. Cambridge, Mass.: MIT Press.

Collins, Harry. 1998. "The Meaning of Data: Open and Closed Evidential Cultures in the Search for Gravitational Waves." *American Journal of Sociology* 104, no. 2: 293-337.

Collins, Harry. 1999. "Tantalus and the Aliens: Publications, Audiences and the Search for Gravitational Waves." *Social Studies of Science* 29, no. 2: 163-197.

Collins, Harry. 2000. "Four Kinds of Knowledge, Two (or maybe Three) Kinds of Embodiment, and the Question of Artificial Intelligence." In *Heidegger, Coping, and Cognitive Science: Essays in Honor of Hubert L. Dreyfus,* vol. 2, edited by Jeff Malpas and Mark A. Wrathall, 179-195. Cambridge, Mass.: MIT Press.

Collins, Harry. 2001a. "What is Tacit Knowledge?" In *The Practice Turn in*

Contemporary Theory，edited by Theodore R. Schatzki，Karin Knorr-Cetina and Eike von Savigny，107-119. London：Routledge.

Collins，Harry. 2001b. "Tacit Knowledge，Trust，and the Q of Sapphire." *Social Studies of Science* 31，no. 1：71-85.

Collins，Harry. 2004a. *Gravity's Shadow：The Search for Gravitational Waves.* Chicago：University of Chicago Press.

Collins，Harry. 2004b. "Interactional Expertise as a Third Kind of Knowledge." *Phenomenology and the Cognitive Sciences* 3，no. 2：125-143.

Collins，Harry. 2004c. "The Trouble with Madeleine." *Phenomenology and the Cognitive Sciences* 3，no. 2：165-170.

Collins，Harry. 2007. "Bicycling on the Moon：Collective Tacit Knowledge and Somatic-limit Tacit Knowledge." *Organization Studies* 28，no. 2：257-262.

Collins，Harry. 2008，forthcoming. "Mathematical Understanding and the Physical Sciences." In *Case Studies of Expertise and Experience*，edited by Harry Collins，a special issue of *Studies in History and Philosophy of Science* 39，no. 1（March）.

Collins，Harry，and Robert Evans. 2002. "The Third Wave of Science Studies：Studies of Expertise and Experience." *Social Studies of Sciences* 32，no. 2：235-296. Reprinted in Selinger and Crease 2006，39-110.

Collins，Harry，Robert Evans，Rodrigo Ribeiro，and Martin Hall. 2006. "Experiments with Interactional Expertise." *Studies in History and Philosophy of Science* 37，A/4（December）：656-674.

Collins，Harry，Rodney Green，and Bob Draper. 1985. "Where's the Expertise？Expert Systems as a Medium of Knowledge Transfer." In *Expert Systems 85*，edited by M. J. Merry，323-334. Cambridge：Cambridge University Press.

Collins，Harry，and Martin Kusch. 1998. *The Shape of Actions：What Humans and Machines Can Do.* Cambridge，Mass.：MIT Press.

Collins，Harry，and Trevor Pinch. 1979. "The Construction of the Paranormal：Nothing Unscientific is Happening." In *Sociological Review Monograph*，no. 27：*On the*

Margins of Science：The Social Construction of Rejected Knowledge，edited by Roy Wallis，237-270. Keele：Keele University Press.

Collins，Harry，and Trevor Pinch. 1993/1998. *The Golem：What You Should Know About Science.* Cambridge and New York：Cambridge University Press. Second ed.，Cambridge：Canto，1998.

Collins，Harry and Trevor Pinch. 1998. *The Golem at Large：What You Should Know About Technology.* Cambridge：Cambridge University Press.

Collins，Harry，and Trevor Pinch. 2005. *Dr Golem：What You Should Know about Medical Science.* Chicago：University of Chicago Press.

Collins，Harry，and Gary Sanders. 2008，forthcoming."They Give You the Keys and Say 'Drive It！' Managers，Referred Expertise，and Other Expertises." In *Case Studies of Expertise and Experience*，edited by Harry Collins，a special issue of *Studies in History and Philosophy of Science* 39，no. 1（March）.

Collins，Harry，and Steven Yearley. 1992. "Epistemological Chicken." In *Science as Practice and Culture*，edited by A. Pickering，301-326. Chicago：University of Chicago Press.

Coy，M. W.，ed. 1989. *Apprenticeship：From Theory to Method and Back Again.* Albany：State University of New York Press.

Crease，Robert，P. 2003. "Inquiry and Performance：Analogies and Identities Between the Arts and the Sciences." *Interdisciplinary Science Reviews* 28：267-272.

Dawkins，Richard. 1999. *Unweaving the Rainbow：Science，Delusion and the Appetite for Wonder.* London：Penguin.

Dear，Peter. 1995. *Discipline and Experience：The Mathematical Way in the Scientific Revolution.* Chicago：University of Chicago Press.

Dreyfus，Hubert L. 1967."Why Computers Must Have Bodies in Order to be Intelligent." *The Review of Metaphysics* 21，no. 1：13-32.

Dreyfus，Hubert L. 1972. *What Computers Can't Do.* New York：Harper and Row.

Dreyfus，Hubert L. 1992. *What Computers Still Can't Do.* Cambridge，Mass.：MIT Press.

参 考 文 献

Dreyfus, Hubert L., and Stuart E. Dreyfus. 1986. *Mind Over Machine: The Power of Human Intuition and Expertise in the Era of the Computer.* New York: Free Press.

Epstein, Steven. 1995. "The Construction of Lay Expertise: AIDS Activism and the Forging of Credibility in the Reform of Clinical Trials." *Science Technology and Human Values* 20: 408-437.

Epstein, Steven 1996. *Impure Science: AIDS, Activism and the Politics of Knowledge.* Berkeley and Los Angeles: University of California Press.

European Commission. 2001. *European Governance:A White Paper.(COM [2001] 428 final.)* Brussels: European Commission.

European Commission. 2002. *The Collection and Use of Expertise by the Commission: Principles and Guidelines. Improving the Knowledge Base for Better Policies. (COM [2002] 713 final.)* Brussels: European Commission.

Evans, Robert. 1999. *Macroeconomic Forecasting: A Sociological Appraisal.* London: Routledge.

Fleck, Ludwik. 1979. *Genesis and Development of a Scientific Fact.* Chicago: University of Chicago Press. First published in German in 1935.

Fulton, Lord. 1968. *The Civil Service,* vol. 2: *Report of a Management Consultancy Group.Evidence submitted to the Committee under the Chairmanship of Lord Fulton, 1966-1968.*London: Her Majesty's Stationery Office.

Ginzburg, Carlo. 1989. "Morelli, Freud and Sherlock Holmes: Clues and Scientific Method." *History Workshop Journal* 9: 5-36.

Goldman, Alvin I. 2001. "Experts: Which Ones Should You Trust? " *Philosophy and Phenomenological Research* 63, no. 1: 85-110. Reprinted in Selinger and Crease 2006, 14-38.

Goodman, Nelson. 1969. *Languages of Art.* London: Oxford University Press.

Gough, C. 2000. "Science and the Stradivarius." *Physics World* 13, no. 4: 2-33.

Gross, Paul, and Norman Levitt. 1994. *Higher Superstition: The Academic Left and its Quarrels with Science.* Baltimore and London: John Hopkins University Press.

Gross，Paul，Norman Levitt，and M. W. Lewis. 1996. *The Flight From Science and Reason.*New York：New York Academy of Sciences.

Guston，David H. 1999. "Evaluating the First U.S. Consensus Conference：The Impact of the Citizens' Panel on Telecommunications and the Future of Democracy." *Science，Technology and Human Values* 24，no. 4：451-482.

Halfpenny，Peter. 1982. *Positivism and Sociology：Explaining Social Life.* London：George Allen and Unwin.

Harvey，B. 1981. "Plausibility and the Evaluation of Knowledge：A Case Study in Experimental Quantum Mechanics." *Social Studies of Science* 11：95-130.

Hennessy，Peter 1989. *Whitehall.* London：Martin Secker and Warburg Ltd.

House of Lords. 2000. *Science and Society：Science and Technology Select Committee，Third Report.* London：HMSO. Also available at：http：//www.parliament.the-stationery-office.co.uk/pa/ld199900/ldselect/ldsctech/38/3801.htm（accessed 23 January 2002）and at http：//www.economics.unimelb.edu.au/research/workingpapers/ wp97_99/715.html（accessed 15 June 2003）.

Ihde，Don. 1997. "Why Not Science Critics？" *International Studies in Philosophy* 29：45-54. Reprinted in Selinger and Crease 2006，39-403.

Irwin，Alan，and Brian Wynne，eds. 1996. *Misunderstanding Science？The Public Reconstruction of Science and Technology.* Cambridge and New York：Cambridge University Press.

Jackson，F. 1986. "What Mary Didn't Know." *Journal of Philosophy* 83：291-295.

Koertge，Noretta，ed. 2000. *A House Built on Sand：Exposing Postmodernist Myths About Science.* Oxford：Oxford University Press.

Kosinski，Jerzy. 1971. *Being There.* Orlando：Harcourt Brace Jovanovich，Inc.

Kuhn，Thomas S. 1962. *The Structure of Scientific Revolutions.* Chicago：University of Chicago Press.

Kusch，Martin. 2002. *Knowledge by Agreement：The Programme of Communitarian Epistemology.* Oxford：Oxford University Press.

Kusch, Martin. 2007. "Towards a Political Philosophy of Risk: Experts and Publics in Deliberative Democracy." In *Risk: Philosophical Perspectives*, edited by Tim Lewens. London: Routledge.

Ladd, Paddy. 2003. *Understanding Deaf Culture: In Search of Deafhood.* Clevedon: Multilingual Matters, Ltd.

Latour, Bruno, and S. Woolgar. 1979. *Laboratory Life: The Social Construction of Scientific Facts.* London and Beverly Hills: Sage.

Lave, Jean 1988. *Cognition in Practice.* Cambridge: Cambridge University Press.

Lave, Jean, and Etienne Wenger. 1991. *Situated Learning: Legitimate Peripheral Participation.* Cambridge: Cambridge University Press.

Lawless, Edward W. 1977. *Technology and Social Shock.* New Brunswick, N.J.: Rutgers University Press.

Lynch, Michael, and Simon Cole. 2005. "Science and Technology Studies on Trial." *Social Studies of Science* 35, no. 2: 269-311.

MacKenzie, Donald. 1998. "The Certainty Trough." In *Exploring Expertise: Issues and Perspectives*, edited by R. Williams, W. Faulkner, and J. Fleck, 325-329. Basingstoke: Macmillan.

Maurer, D. W. 1940. *The Big Con: The Story of the Confidence Man and the Confidence Game.* New York: Bobs Merrill.

Muir, Frank. 1997. *A Kentish Lad.* Reading: Corgi Books.

Murcott, Anne. 1999. "Not Science but PR: GM Food and the Makings of a Considered Sociology." *Sociological Research Online* 4: 3.

Murcott, Anne. 2001. "Public Beliefs about GM Foods: More on the Makings of a Considered Sociology." *Medical Anthropology Quarterly* 15, no. 1: 1-11.

Naftulin, Donald H., John E. Ware Jr, and Frank A. Donnelly. 1973. "The Doctor Fox Lecture: A Paradigm of Educational Seduction." *Journal of Medical Education* 48: 630-635.

Nonaka, Ikujiro, and Hirotaka Takeuchi. 1995. *The Knowledge-Creating Company: How*

Japanese Companies Create the Dynamics of Innovation. Oxford: Oxford University Press.

Office of Science and Technology and the Wellcome Trust. 2000. *Science and the Public: A Review of Science Communication and Public Attitudes to Science in Britain*, London: Wellcome Trust. Available at: http: //www.wellcome.ac.uk/en/1/pinpubactconpub.html（accessed 17 December 2003）.

Pamplin, B. R., and H. M. Collins. 1975."Spoon Bending: An Experimental Approach." *Nature* 257: 8（4 September）.

Peterson, J. C., and G. E. Markle. 1979. "Politics and Science in the Laetrile Controversy." *Social Studies of Science* 9, no. 2: 139-166.

Pinch, T., H. M. Collins, and L. Carbone. 1996. "Inside Knowledge: Second Order Measures of Skill." *Sociological Review* 44, no. 2: 163-186.

Polanyi, Michael. 1958. *Personal Knowledge.* London: Routledge and Kegan Paul.

Polanyi, Michael. 1962. "The Republic of Science, Its Political and Economic Theory." *Minerva* 1: 54-73.

The Politics of GM Food: Risk, Science and Public Trust. 1999. ESRC Special Briefing No. 5, October 1999. Swindon: Economic and Social Research Council. Available at http://www.sussex.ac.uk/Units/gec/gecko/gm-brief.htm（accessed 12 December 2006）.

Popper, Karl R. 1957. *The Poverty of Historicism.* London: Routledge and Kegan Paul.

Pye, D. 1968. *The Nature and Art of Workmanship.* Cambridge: Cambridge University Press.

Ribeiro, R. and Collins, H. M. 2007."The Bread-making Machine, Tacit Knowledge and the Theory of Action" *Organization Studies* 28, no.9: 1417-1433.

Sacks, Oliver. 1985. *The Man Who Mistook his Wife for a Hat.* London: Duckworth.

Sacks, Oliver 1989. *Seeing Voices: A Journey into the World of the Deaf.* Berkeley and Los Angeles: University of California Press.

Sclove, Dick. 1997. "Telecommunications and the Future of Democracy: Preliminary Report on the First U.S. Citizens' Panel." *Loka Alert* 4: 3（April）. Available at http: //

参 考 文 献

www.loka.org/alerts/loka.4.3.htm（accessed 17 December 2003）.

Scott，David，and Alexei Leonov. 2004. *Two Sides of the Moon: Our Story of the Cold War Space Race*. London: Simon and Schuster.

Selinger，Evan. 2003. "The Necessity of Embodiment: The Dreyfus-Collins Debate." *Philosophy Today* 47，no. 3: 266-279.

Selinger，Evan，Hubert Dreyfus，and Harry Collins. 2008，forthcoming. "Interactional Expertise and Embodiment." In *Case Studies of Expertise and Experience*，edited by Harry Collins，a special issue of *Studies in History and Philosophy of Science*，39，no.1（March）.

Selinger，Evan，and Robert Crease，eds. 2006. *The Philosophy of Expertise*. New York: Columbia University Press.

Selinger，Evan，and Tom Mix. 2004. "On Interactional Expertise: Pragmatic and Ontological Considerations." *Phenomenology and the Cognitive Sciences* 3，no. 2: 145-163.Reprinted in Selinger and Crease 2006，302-321.

Shapin，Steven. 1979. "The Politics of Observation: Cerebral Anatomy and Social Interests in the Edinburgh Phrenology Disputes." In *On the Margins of Science: The Social Construction of Rejected Knowledge*，Sociological Review Monograph 27，edited by R. Wallis，139-178. Keele: Keele University Press.

Shapin，Steven，and Simon Schaffer. 1987. *Leviathan and the Air Pump: Hobbes，Boyle and the Experimental Life*. Princeton: Princeton University Press.

Sokal，Alan. 1996. "Transgressing the Boundaries: Towards a Transformative Hermeneutics of Quantum Gravity." *Social Text* 46/47: 217-252.

Speers，T.，and J. Lewis. 2003. "MMR and the Media: Misleading Reporting？" *Nature Reviews，Immunology* 3，no. 11: 913-918.

Speers，T.，and J. Lewis. 2004. "Jabbing the Scientists: Media Coverage of the MMR Vaccine in 2002." *Communication and Medicine* 1，no. 2: 171-182.

Suchman，Lucy A. 1987. *Plans and Situated Action: The Problem of Human-machine Interaction*.Cambridge: Cambridge University Press.

Surowiecki，James. 2004. *The Wisdom of Crowds: Why the Many are Smarter than the Few.* London: Little，Brown.

Tart，Charles T. 1972. "States of Consciousness and State-Specific Sciences." *Science* 176: 1203-1210.

Thorpe，Charles. 2002. "Disciplining Experts: Scientific Authority and Liberal Democracy in the Oppenheimer Case." *Social Studies of Science* 34，no. 4: 525-562.

Thorpe，Charles，and Steven Shapin. 2000."Who Was J. Robert Oppenheimer? Charisma and Complex Organization." *Social Studies of Science* 30，no. 4: 545-590. Turing，A. M. 1950. "Computing Machinery and Intelligence." *Mind* 59: 433-460.

Von-Hippel，Eric. 1988. *The Sources of Innovation.* New York: Oxford University Press.

Weizenbaum，J. 1976. *Computer Power and Human Reason: From Judgment to Calculation.* San Francisco: W. H. Freeman.

Welsh，Ian 2000. *Mobilising Modernity: The Nuclear Moment.* London: Routledge.

Winch，Peter G. 1958. *The Idea of a Social Science.* London: Routledge and Kegan Paul.

Winograd，T.，and F. Flores. 1986. *Understanding Computers and Cognition: A New Foundation for Design.* New Jersey: Ablex.

Wittgenstein，Ludwig. 1953. *Philosophical Investigations.* Oxford: Blackwell.

Wolpert，Lewis. 1992. *The Unnatural Nature of Science.* London: Faber and Faber.

Wolpert，Lewis. 1994. "Review of *The Golem: What Everyone Should Know About Science.*" *Public Understanding of Science* 3: 323-337.

Wynne，Brian. 1989. "Sheep Farming after Chernobyl: A Case Study in Communicating Scientific Information." *Environmental Magazine* 31，no. 2: 33-39.

Wynne，Brian. 1992. "Public Understanding of Science Research: New Horizon or Hall of Mirrors? " *Public Understanding of Science* 1，no. 1: 37-43.

Wynne，Brian. 1993. "Public Uptake of Science: A Case for Institutional Reflexivity." *Public Understanding of Science* 2，no. 4: 321-337.

Wynne，Brian. 1996a. "May the Sheep Safely Graze? A Reflexive View of the Expert-Lay Knowledge Divide." In *Risk，Environment and Modernity: Towards a New*

Ecology，edited by S. Lash，B. Szerszynski，and B. Wynne，27-83. London：Sage.

Wynne，Brian. 1996b. "Misunderstood Misunderstandings：Social Identities and Public Uptake of Science." In *Misunderstanding Science？ The Public Reconstruction of Science and Technology*，edited by Alan Irwin and Brian Wynne，19-46. Cambridge：Cambridge University Press.

Wynne，Brian. 2003. "Seasick on the Third Wave？Subverting the Hegemony of Propositionalism." *Social Studies of Science* 33，no. 3：401-417.

von Wright，G. H. 1971. *Explanation and Understanding.* London：Routledge and Kegan Paul.

索　引[*]

＊　索引中的页码为原书页码，即本书边码。索引与对应页码内容直接相关，非严格一一对应——译者注